십 대를
위한 영화속
과학인문학
여행

십 대를 위한
영화 속 과학인문학 여행

초판 1쇄 발행　　2016년 9월 5일
초판 15쇄 발행　　2024년 5월 10일

지은이 최원석
펴낸이 이지은
펴낸곳 팜파스
기획·편집 박선희
일러스트 박선하
디자인 박진희
마케팅 김민경, 김서희

출판등록 2002년 12월 30일 제10-2536호
주소 서울시 마포구 어울마당로5길 18 팜파스빌딩 2층
대표전화 02-335-3681　　**팩스** 02-335-3743
홈페이지 www.pampasbook.com ｜ blog.naver.com/pampasbook
이메일 pampas@pampasbook.com

값 12,000원
ISBN 979-11-7026-110-0 (43400)

ⓒ 2016, 최원석

이 도서의 국립중앙도서관 출판예정도서목록(CIP)은 서지정보유통지원시스템 홈페이지
(http://seoji.nl.go.kr)와 국가자료공동목록시스템(http://www.nl.go.kr/kolisnet)에서
이용하실 수 있습니다.(CIP제어번호: CIP2016019416)

십 대를
위한 영화 속
과학 인문학
여행

최원석 지음

팜파스

터미네이터가
친구가 된 날

'우리의 친구 아톰'과 '세상의 파괴자 터미네이터'

　이름 앞에 특별한 수식어가 없어도 두 로봇은 그 외모만으로도 누가 우리 편인지 쉽게 구분할 수 있다. 하지만 이러한 이분법적인 생각도 영화 〈터미네이터〉 시리즈가 진행되면서 차츰 변하기 시작했다. 더욱 강력해진 터미네이터로부터 인류를 보호할 수 있는 것도 역시 터미네이터뿐이라는 아이러니한 상황이 벌어진 것이다. 이제 로봇은 단순한 기계가 아니라 창조주인 인간을 닮아가고 있다. 로봇과 인간의 관계를 재정립해야 할 시기가 왔지만 이를 공학적으로 해결할 수는 없다. 로봇의 지위는 공학과 윤리학이 융합된 로봇윤리에서 다뤄야 하기 때문이다.

'큰 힘에는 큰 책임이 따른다'

영화 〈스파이더맨〉에 등장하는 유명한 대사로 흔히 슈퍼 영웅들의 좌우명처럼 이야기된다. 하지만 이것은 영화 속 영웅들에게만 해당되는 이야기가 아니다. 오늘날 과학자나 공학자에게도 마찬가지로 통용되는 이야기다. 과학 기술이 권력과 결탁하면서 벌어지는 무서운 결과들을 역사 속에서 잘 봤기 때문이다. 과학 기술이 발달하며 세상은 빠르게 변하고 있다. 과학 기술은 인류에게 수많은 혜택을 주고 있지만 또한 새로운 고민거리도 던져 주었다. 우리에게 과연 과학은 무엇일까? 과학자들은 자신의 일에 대해 어디까지 책임져야 하는 것일까? 이제 과학자들은 자신이 연구한 과학 기술이 사회에 어떤 영향을 줄 것인지를 고민해야 한다. 과학자들은 과학 윤리와 함께 과학이 나아가야 할 길을 찾기 위해 과학 철학에도 관심을 가져야 한다.

'영화 속에 담긴 과학과 인문학'

영화 〈터미네이터〉부터 〈스파이더맨〉에 이르기까지 다양한 SF 영화 속에는 많은 과학적 내용이 들어 있다. SF 영화가 과학을 기반으로 하고 있으니 이는 당연한 일이다. 하지만 영화 〈해리포터와 마법사의 돌〉처럼 상상력을 바탕으로 한 판타지 영화조차도 그 속에서 과학과 인문학적인 내용의 연결고리를 찾을 수 있다. 왜 그럴까? 이는 과학과 인문학이 인간의 삶과 밀접한 관련이 있기 때문이다. 심지어 신들의 이야기를 다룬 신화조차도 그 바탕은 인간의 삶이다.

'과학과 인문학의 뜨거운 만남'

그동안 영화 속에서 과학적인 내용을 찾는 일을 꾸준히 해왔다. 그러한 작업을 오래하다 보니 살짝 욕심이 생겼다. 영화 속에서 과학적 내용과 연관된 인문학적 내용도 같이 이야기해보면 어떨까? 더욱이 우리는 과학의 발달에 인문학적 관점이 반드시 필요한 시대를 살고 있으니 이를 함께 살피는 것은 더욱 의미 있을 것이다. 나의 인문학적 소양이 아직 부족한 관계로 과학과 연관된 인문학에 관해서 이 책에 마음껏 담아내지는 못했다. 이 책을 집필하면서 융합도서를 쓴다는 것이 얼마나 많은 내공이 필요한 작업인지 다시 한 번 깨닫게 되었다. 부디 독자 여러분이 영화를 보듯 이 책을 즐겁게 읽어 주기를 기대하며….

최원석

CHAPTER 01

인문학을 품은 과학, 삶은 과학이 된다

: 과학과 인문을 동시에 볼 수 있는 가장 흥미로운 코드, **영화**

인간은 왜 이리 우주에 관심이 많을까?

: 영화, 거대한 은하계 속 **지구와 인간을** 그려내다

상상을 현실로 만든 과학 기술들

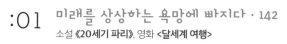

: 땅 위의 인간, 이카로스가 하늘을 날기까지!

CHAPTER 05

마법과 과학의 경계에 선 과학 인문학

∶ 해리포터는 판타지가 아니라 **SF가 되고 싶었다!**

CHAPTER **01**

인문학을 품은 과학, 삶은 과학이 된다

과학과 인문을 동시에 볼 수 있는
가장 흥미로운 코드, **영화**

2014년 11월에 개봉된 영화 <인터스텔라(Interstellar)>는 천 만 명이 넘는 관객을 동원하며 <아바타>와 <겨울왕국>에 이어 역대 외화 흥행 3위에 오르는 놀라운 기록을 달성한다. <인터스텔라>가 세운 이 기록은 단순히 흥행 영화가 등장한 것 이상의 의미를 지닌다. 상대성 이론이라는 난해한 물리학 이론을 대중화시키는 데 지대한 공헌을 했기 때문이다. 사람들은 상대성 이론에 대해 관심을 갖고 이에 대해 알아보기 시작했다. 사실 상대성 이론은 영화 한 편을 감상했다고 이해할 수 있는 개념은 아니다. 사람들이 이 영화로 알게 된 것은 상대성 이론으로 인해 나타나는 현상일 뿐 이해와는 거리가 멀다. 하지만 많은 과학자들과 과학교사들의 노력이 부끄러울 만큼 <인터스텔라>는 대중들에게 상대성 이론을 흥미롭게 소개했고, 그 결과 다양한 물리학 도서, 천문학 도서 열풍으로 이어졌다. 잘 만든 영화 한 편이 많은 과학자들이 하지 못한 일을 해낸 것이다.

사람들의 삶에 큰 영향을 끼친 영화는 이전에도 있어 왔다. 놀랍게도 히틀러 주연의 <의지의 승리(Triumph Of The Will, 1934)>라는 다큐멘터리 영화 역시 대중을 움직인 대표적인 영화다. 히틀러를 주연으로 삼은 영화였지만 감독 레니 리펜슈탈의 뛰어난 영상미로 인해 1935년에 베니스 영화제에서 황금사자상을 수상하기도 한 작품이다. 여성의 사회 활동에 제약이 많던 시절, 여성 감독이었던 레니 리펜슈탈은 자신의 실력을 지지해주는 히틀러에게 보답하고자 <의지의 승리>를 만들어낸다. 이 작품은 다큐멘터리 영화의 교과서라는 평가를 받지만, 역시나 히틀러를 우상화한 나치의 전략적 영화란 한계를 가지고 있다. 게다가 이 영화 덕분에 히틀러는 뛰어난 리더의 이미지를 얻게 되고 독일 국민들은 판단력을 잃고 나치에 휘둘리게 된다.

<인터스텔라>나 <의지의 승리>는 영화가 지닌 힘을 보여주는 극명한 사례다. 영화는 대중에게 특정 정보를 아주 드라마틱하고도 강렬하게 전달해주는 매체이다. 그것은 영화를 보는 관객들이 영화 속 인물의 삶에 자신의 삶을 투영하거나, 혹은 공감하며 감상하기 때문일 것이다. 영화에서 접한 드라마와 지식은 자기 삶의 일부로 느껴지게 된다. 그렇게 영화는 인물의 삶을 이야기하고, 그 삶은 여러 인문 요소를 품고 현실 속 우리에게 지식과 메시지를 던져 주는 것이다. 점점 환경과 삶에 과학 기술이 점철되어가는 시대를 사는 우리가 영화에서 인문학을 품고 과학을 이야기하는 이유는 바로 여기에 있다. 인문학이란 인간과 세상에 대한 학문이다. 영화 속에는 인간과 세상에 대한 이야기가 많이 들어 있으니 훌륭한 인문학 교재인 셈이다.

:01

영화는 미친 과학자를
좋아한다

영화 <헐크>, 소설 《지킬 박사와 하이드 씨의 이상한 사건》

지금 이 순간 내 모든 걸

내 육신마저 내 영혼마저 다 걸고

던지리라 바치리라

애타게 찾던 절실한 소원을 위해

지금 이 순간 나만의 길

당신이 나를 버리고 저주하여도

내 마음 속 깊이 간직한 꿈

간절한 기도 절실한 기도

신이여 허락하소서

뮤지컬 <지킬 앤 하이드> 중 '지금 이 순간'

뮤지컬 〈지킬 앤 하이드〉에 나오는 이 노래는 뮤지컬 곡으로는 드물게 대중적으로도 널리 사랑받는 곡이다. 노래 가사에서 알 수 있듯이 지킬 박사는 자신의 모든 것을 걸고 지금 이 순간 무엇인가 중대한 결정을 내리려고 한다. 지킬 박사가 육신과 영혼마저 걸어야 한다고 하는 이유는 자신을 대상으로 생체 실험을 하려고 하기 때문이다. 지킬 박사는 왜 이렇게 위험천만한 선택을 한 걸까? 그것은 병원 이사회의 반대로 생체 실험이 좌절되었기 때문이다. 그래서 그는 최후의 방법으로 자신에게 실험을 하게 된 것이다. 과학자로서 지킬 박사는 실험의 성공을 확신했지만 결국 이 약으로 인해 선과 악으로 분리된 이중인격이 되어 버린다. 점점 악한 인격인 하이드가 자신을 지배하자 지킬 박사는 결국 비극적인 선택을 하고 만다. 그렇다면 지킬 박사는 인간의 내면을 탐구한 비운의 과학자일까? 아니면 결국 파멸의 길을 걷게 된 미친 과학자의 전형일까?

과학에서 인간 삶에 대한 고민이 필요한 이유

이 뮤지컬의 원작은 바로 로버트 스티븐슨의 소설 《지킬 박사와 하이드 씨의 이상한 사건Strange Case of Dr Jekyll and Mr. Hyde, 1886》이다. 스티븐슨은 모든 해적 이야기의 원조라고 할 수 있는 《보물섬Treasure Island, 1883》의 작가이기도 하다. 스티븐슨은 이 소설에서 빅토리아 시대 신사들의 이중적이고 위선적인 모습을 꼬집어냈다. 당시 영국은 '해가 지지 않는 나라'

로 불릴 만큼 막강한 나라였고, 도덕적이고 명망 있는 신사들이 지도층으로 행세하고 있었다. 하지만 그들의 뒤를 캐면 이중생활을 하는 사람들이 적지 않았다. 스티븐슨이 이 소설의 모티프를 얻은 것도 18세기 중엽에 일어난 '윌리엄 브로디 사건'에서다. 브로디는 낮에는 사람들의 존경받는 의원이자 실업가로 살았지만 밤이면 도둑질과 도박, 폭력 등의 범죄를 일삼았다. 결국 꼬리가 길면 밟힌다는 말처럼, 브로디는 공범이 체포되면서 범행이 밝혀졌고 결국 형장의 이슬로 사라졌다.

▲ 로버트 스티븐슨

스티븐슨은 브로디 사건을 소재로 빅토리아 시대 엘리트의 이중적인 내면을 그려냈다. 스티븐슨이 《지킬 박사와 하이드 씨의 이상한 사건》을 쓸 때 맥각으로 치료를 받고 있었다고 한다. 맥각에는 LSD(환각제) 성분이 있어 이 경험이 작품 속 지킬 박사의 약물로 표현되었다는 주장도 있다.

스릴러와 판타지 느낌이 들지만, 이 소설이 기존 이야기들과 다른 부분은 바로 인간 내면의 선악을 분리하는 방법이 마법이나 주문이 아니라 약이라는 화학요법을 쓴다는 점이다. 따라서 이 소설은 《프랑켄슈타인Frankenstein, 1818》이나 조너선 스위프트의 《걸리버 여행기The Gulliver's Travels, 1726》와 마찬가지로 과학적 상상력이 바탕인 초창기 SF 작품으로 평가된다. 지킬 박사와 하이드가 이중인격의 대명사가 될 만큼 《지킬 박사와 하이드 씨의 이상한 사건》은 유명한 작품이며, 100여 년 동안 뮤지컬뿐 아니라 많은 영화와 연극 등으로 만들어졌다.

특히 이 소설 속에 등장하는 지킬 박사는 많은 독자들에게 미친 과학자의 원형처럼 각인되었다. 주인공 지킬 박사는 약으로 선과 악을 완전히 분리시키는 데 성공하자 점점 약의 유혹으로 빠져든다. 약에 의존하면서 지킬은 하이드에 대한 통제력을 잃어버린다. 결국 지킬 박사는 자신이 만든 약에 의해 파멸의 길을 걷는다는 작품의 플롯은 많은 영화에서 등장하는 미친 과학자의 전형이 됐다. 물론 지킬 박사 역시 악한 의도로 연구를 시작한 것은 아니었다. 하지만 실험의 결과 예측이 빗나가면서 모든 것이 어긋나게 된다. 인간의 감정에 휘둘리지 않고 자유로운 삶을 원했던 지킬 박사는 결국 그 목적을 잊고 획기적인 과학적 성과에 집착하다 파멸의 길을 걷는다.

이 작품은 인간의 이중성과 부조리함을 꼬집는 선구적인 작품으로 손꼽힌다. 그리고 과학자가 연구를 할 때 성과보다 삶에 대한 진지한 고민이 앞서야 한다는 것도 보여준다. 과학자들이 연구에 몰두하다 성공에 눈이 멀어 연구의 목적도 잊어버리고 자신과 사회에 피해를 주는 선택을 할 수도 있기 때문이다. 그리고 그 경우 파급력은 실로 무시무시하다.

미치광이 녹색 괴물 헐크도 실은 과학자!

《지킬 박사와 하이드 씨의 이상한 사건》보다 먼저 발표된 괴기 소설의 원조 격인 메리 셸리의 《프랑켄슈타인》에도 지킬 박사와 비슷한 과학자가 등장한다. 그의 이름은 바로 프랑켄슈타인. 프랑켄슈타인 박사는 시체 조각을 모아서 전기를 이용해 생명체를 부활시키는 일에 성공한다. 생명에 대한 탐구에서 시작된 프랑켄슈타인의 이 어마어마한 실험도 지킬과 마찬가지로 처음에는 성공한 듯 보였다. 하지만 그것이 불행으로 이어지는 데는 결코 오랜 시간이 걸리지 않았다. 그가 만들어낸 생명체는 사람들에게 결국 괴물로 취급받는다. 그 결과 생명체가 사람들을 해치는 안타까운 일을 벌이게 된다. 이러한 비극이 발생한 이유는 실험의 결과가 세상에 어떤 영향을 발휘할지에 대한 고민이 부족했기 때문이다. 이 작품 역시 과학의 어떤 실험과 발견도 결국 인간의 삶과 닿아 있으며, 이러한 고민이 과학의 앞날에 지대한 영향을 끼친다는 것을 잘 그려내고 있다.

이 두 소설은 미친 과학자의 전형을 만들어내는 데 중요한 역할을 했다. 고전이 된 두 작품에서 직접적인 모티브를 따온 영화가 바로 그 유명한 〈헐크Hulk, 2003〉다. 헐크 역시 과학자라는 사실을 아는지? 마블의 영화 〈어벤져스The Avengers, 2012〉에도 등장하며, 화가 나면 헐크로 변신하는 브루스 배너 박사도 실은 실험실에서 하얀 가운이 더 익숙한 과학자다. 그는 실험 사고로 인해 치사량 이상의 감마선에 노출된다. 결국 이 사고로 배너 박사의 유전자에는 돌연변이가 발생한다. 그 이후 그에게는 알 수 없는 일이 벌어진다. 자신도 모르는 사이에 집이 난장판이 되고, 실험실이 엉망진창으로 부서진다. 배너 박사는 이 모든 것이 헐크로 변한 자신의 소행임을 알아내고, "내 속엔 통제 못할 또 다른 내가 있어."라며 동료들의 도움을 요청한다. 하지만 헐크의 엄청난 능력을 알아차린 군에서는 그를 무기로 쓰기 위해 추적한다.

지킬 박사는 약에 의해 하이드로 변했고, 배너 박사는 감마선에 의해 헐크가 되었다는 점만 다를 뿐, 두 작품은 매우 비슷한 메시지를 전한다. 바로 선한 의도를 가지고 행한 실험이 오히려 인류의 위협이 될 수도 있으며, 실험을 행한 착한 과학자가 원치 않게 미친 과학자로 전락했다는 점에서 말이다.

물론 지킬 박사는 자신의 의지로 하이드로 변했고, 배너 박사는 의도치 못한 사고로 헐크로 변했다는 차이가 있긴 하다. 또한 점점 하이드의 매력에 빠져 스스로 통제를 못한 지킬 박사에 비해 배너 박스는 헐크를 통제하고자 끊임없이 노력한다. 그리고 가장 큰 차이점은 하이드가 자기 욕망을 위해 남에게 피해를 주는 괴물이었다면, 헐크는 악당들로부터 지구를 구하는 영웅이 되었다는 것이다. 이 역시 인간의 삶에 어떤 영향을 끼칠지에 대한 고민이 있고 없고의 차이가 아닐까? 분명한 것은 과학적 호기심은 과학 기술이 지닌 엄청난 파급력에 따라 때로는 세상을 발칵 뒤집어 놓기도 한다는 것이다. 따라서 과학자에게는 일반인들보다 더 큰 직업윤리와 사회적 책임감이 요구된다.

세상을 위협하는 미친 과학자?

TV용 애니메이션 〈피니와 퍼브〉에서 두펀스머츠 박사는 전형적인 미친 과학자다. 두펀스머츠는 과학자의 상징이라고 할 수 있는 흰 가운을 입고 매부리코에 악당의 느낌을 주는 인상이다. 그는 항상 이상한 것을 발명하여 사람들을 곤궁에 빠트린다. 만화 속 두펀스머츠 박사는 흔히 우리가 가진 미친 과학자에 대한 전형적인 모습이다. 그렇다면 실제로도 이러한 미친 과학자들이 존재했을까?

〈스파이더맨2 Spider-Man 2, 2004〉에 나오는 닥터 옥터퍼스는 핵융합을 통해 실험실에서 인공태양을 만들어 내려고 한다. 닥터 옥터퍼스의 실험은 실패로 돌아가고 결국 그는 실험을 위해 만들었던 기계 문어팔과 결합되어 엄청난 힘을 지니게 된다. 닥터 옥터퍼스의 의도가 처음부터 나쁜 것은 아니었다. 그는 핵융합을 실현시켜 보려고 실험을 진행했다. 하지만 실험이 실패하고 자신의 꿈이 사라지면서 악당으로 변한 것이다. 실제로 과학자들이 저지르는 실수와 파괴적인 결과가 나쁜 의도에서 출발하는 일은 거의 없다. 물론 권력과 결탁하여 무기를 만드는 등 명백하게 세상에 위협을 주는 과학 연구도 있었다. 하지만 그보다는 세상의 발전을 위해 시작된 연구가 거듭되면서 의도가 변하고, 결과가 예상과 다르게 흘러간 경우가 훨씬 많았다.

영화에서는 핵융합 실험을 간단하게 실험실에서 재현해 보이려 하지만 사실 핵융합은 그리 간단한 일이 아니다. 현재도 활발하게 연구되는 분야이지만 실용화를 위해 갈 길이 멀다. 많은 예산을 들였지만 아직 가시적인 성과를 얻지 못한 핵융합에 매달리는 이유는 무엇일까? 그것은 인류가 당면한 에너지 문제를 해결하기 위해서다. 옥터퍼스도 처음에는 그러한 의도로 실험을 했을 것이다. 하지만, 실험이 실패하면서 모든 것이 틀어지기 시작한다. 영화가 시사하듯 과학자들은 과학 실험에서 의도하지 않았던 결과가 세상에 어떤 영향을 끼칠지를 항상 염두에 두지 않으면 안 된다.

현실은 영화보다 더 영화 같다는 이야기가 있다. 실제로도 영화에서보다 더 미친 과학자들이 실존했다. 그들은 정말로 미쳤다고 표현할 수밖에 없는 인물들이었다. 2차 세계대전 당시 포로들을 대상으로 생체 실험을 거행한 일본과 독일의 과학자들도 도저히 인간으로서 할 수 없는만행을 저질렀다. 살아 있는 사람을 마치 실험용 쥐처럼 대했던 그들 역시 과학적 호기심에서 출발했다. 그렇다고 이러한 일이 전쟁 중에만 일어난 것은 아니다. 죄수나 장애인뿐만 아니라 무고한 시민을 대상으로각종 생화학 무기 실험이 진행되는 일도 있었다. 정부나 기업과 결탁해돈을 받고 보고서를 조작한 사람들도 마찬가지다. 문제는 이러한 일이과거에만 있었던 것이 아니라 현재 진행형이라는 것이다. 우리가 과학과인문을 함께 연결 짓고 살펴야 할 이유를 이미 역사가 보여준 셈이다.

엉뚱한 것이 소중한 세상

지금까지 이야기한 미친 과학자와 또 다른 의미에서 미친 과학자들도존재한다. 우리는 너무나 엉뚱한 생각을 하는 사람들을 보고 종종 '정신이 나갔다'거나 '미쳤다'고 말한다. 특히 직업 특성상 남들과는 다른, 창의적인 생각이 요구되는 과학 기술 분야에서는 그러한 성향을 지닌 인물들이 많다. 그래서 그러한 엉뚱한 인물들을 위해(?) 이그 노벨상Ig Nobel Prize이라는 상이 존재할 정도다.

이그 노벨상은 '불명예스러운, 품위 없는'이라는 뜻의 'ignoble'과 노벨Nobel을 합성하여 만든 말이다. 이그 노벨상은 상 이름에서 알 수 있듯이 불명예스러운 연구에 수상되는 상이지만 때로는 '흉내 낼 수 없거나, 흉내 내면 안 되는' 업적에 수상되기도 한다. 이그 노벨상의 역사에서 가장 전설적인 실험은 '개구리 공중 부양 실험'일 것이다. 이것은 2000년 영국의 물리학자인 베리 교수와 미국의 안드레 가임 교수가 전자석을 이용해 큰 자기장을 형성하여 개구리를 공중 부양시킨 실험이다. 자석도 아닌 개구리를 공중에 띄워 이그 노벨상을 수상한 것이다. 그렇다고 모든 과학자들을 엉뚱한 사람이라고 단정 지어서는 안 된다. 이그 노벨상을 수상한 가임 교수는 보란 듯이 2010년에 그래핀 소재 연구로 진짜로 노벨상을 받았다.

일반인들이 보기에는 엉뚱한 연구들도 나중에 인류에게 어떤 영향을 줄지는 아무도 모른다. 현대 전기 문명의 기초를 세운 패러데이조차도 자신의 발전기로 만든 전기가 어디에 쓰일지 몰랐다. 전기가 계속 공급되면서 전기를 활용한 발명품들이 하나둘씩 등장했고, 결국 오늘날과 같은 화려한 세상이 펼쳐지게 되었다. 따라서 이그 노벨상이 불명예스러운 과학 연구에 수여되는 상이긴 하나 그만큼 과학자와 기술자들이 다양한 연구를 하고 있음을 보여주는 셈이다. 실패를 두려워하지 않고, 엉뚱함에 대해 비난하지 않는 분위기야말로 창의성을 키우는 소중한 밑거름이 될 것이다.

사이언스 토크

다이너마이트를 만들어 갑부가 된 알프레드 노벨의 유언에 따라 1901년부터 수상자를 발표한 것이 바로 노벨상입니다. 노벨상은 자타 공인 가장 권위 있는 과학상이지만 아쉽게도 우리나라는 수상자가 나오지 않았습니다. 1949년 유카와 히데키를 시작으로 무려 21명이나 수상자가 나온 일본이 부럽기만 합니다.

일본은 일찍부터 기초 과학에 많은 투자를 했으니 그렇다고 쳐도, 우리보다 소득 수준이 낮은 파키스탄에서도 압두스 살람이 물리학상을 수상한 것을 보면 노벨상이 반드시 경제 수준에 비례한다고 할 수는 없습니다. 파키스탄의 예에서 알 수 있듯이 노벨상을 수상했다고 해서 나라의 과학 수준이나 경제력이 급성장하지는 않습니다. 그럼에도 매년 노벨상 발표에 언론이 탄식하는 기사를 쏟아내는 것은 우리의 과학 연구 풍토가 그만큼 척박하기 때문입니다. 당장 천재 몇 명에게 집중 투자한다고 노벨상을 받을 수 있는 것은 아닙니다. 과학 대중화와 연구 지원이 꾸준해야 얻을 수 있는 열매이기에 노벨상이 더욱 값진 것입니다.

02:

우리는 왜 인간과 닮은
기계를 꿈꿀까?

영화 <터미네이터>

"물에서 배워야 한다. 물은 담기는 그릇에 따라서 그 모양이 변한다.
상대에 따라서 그때그때 바뀌어야 한다.
고정된 동작이나 자세는 죽은 자세다. 물에서 배워라.
물이 되어라. 이것이 절권도의 긴요한 뜻이다."

- 이소룡

그리스 신화에 등장하는 탈로스Talos는 청동 거인이다. 신화 속의 이야기지만 대장장이의 신 헤파이스토스가 만들어낸 탈로스는 사실상 최초의 로봇이다. 헤파이스토스는 에트나 화산 아래 작업실에서 못 만드는 것이 없을 만큼 만능의 신이다. 헤파이스토스가 제우스의 명으로 만든 탈로스는 크레타 섬을 방어하는 일종의 로봇 병기다. 탈로스는 크레타 섬에 상륙하려는 적에게 커다란 바위를 던져 배를 침몰시켰다. 요행히 상륙한 적은 자신의 몸을 뜨겁게 달군 후 껴안아서 태워 죽였다고 한다. 정말로 뜨거운 포옹(?)을 안겨주는 탈로스가 있는 한 크레타 섬에는 누구도 침범할 수 없었다.

하지만 탈로스에게도 치명적인 약점이 있었는데 바로 발뒤꿈치였다. 이를 알아낸 아르고스의 영웅 이아손은 메데이아가 마법의 노래로 탈로스를 잠재운 사이에 발뒤꿈치의 청동 못을 뽑아낸다. 그러자 탈로스는 머리끝에서 발뒤꿈치까지 연결된 혈관에서 피가 흘러나와 죽고 만다. 혈관에서 피가 흘러나와 힘을 쓰지 못하게 되었다는 묘사는 연료 밸브나 유압장치의 기름이 새어나와 기계 작동이 멈춘 듯한 인상을 준다.

고대에는 스스로 움직이는 기계를 설계할 능력이 없었기에 신의 능력이나 마법을 빌어서 기계를 작동시킬 수밖에 없었다. 다만 인간을 닮은 기계를 고대 때부터 그려냈다는 사실에서 사람을 닮은 로봇을 만들어내는 인간의 오래된 욕망을 확인할 수 있다. 최근에는 영화에서 이러한 인간의 바람을 더욱 잘 볼 수 있다. 그중 아마도 가장 충격적인 인간 로봇은

〈터미네이터2 : 심판의 날1991〉에 등장하는 액체 로봇일 것이다. 이 액체 로봇은 이소룡의 절권도의 정신을 계승한 것처럼, 상대나 상황에 맞춰 다양한 형태로 변형이 가능했다. 아마 이소룡이 이 로봇을 봤다면 가장 강한 로봇이라며 엄지를 들어 올렸을지도 모를 일이다. 어쨌건 과학 기술이 발달할수록 인간을 닮은 로봇에 대한 상상이 더욱 설득력 있게 그려지고 있다. 그렇다면 과연 미래에는 어떤 형태의 로봇이 등장할까?

기계가 내 보호자라구?

영화 〈터미네이터〉 속 로봇인 터미네이터는 원래 인간을 멸종시키기 위해 탄생한 살인기계다. 1997년 전략 무기 통제 시스템인 스카이넷은 스스로 자의식을 갖춘 인공지능으로 발전한다. 그러면서 인류를 몰살하기 위한 핵전쟁을 일으킨다. 전쟁에서 살아남은 소수의 인간은 스카이넷의 지배를 받는다. 지배에 반기를 든 반란군을 궤멸시키기 위해 스카이넷은 터미네이터라는 로봇을 만들어 반란군을 공격한다. 하지만 존 코너가 지휘하는 반란군에 의해 스카이넷은 궁지에 몰리자 타임머신에 터미네이터 T-800(아놀드 슈왈제네거 분)을 태워서 1984년으로 보낸다. 반란군의 지도자인 존 코너의 어머니, 사라 코너를 없애기 위해서다. 이에 존 코너도 사라 코너를 보호하기 위해 카일 리스를 보낸다. 터미네이터는 명령받은 대로 LA에 살고 있는 사라 코너라는 이름을 가진 사람을 찾아 한

명씩 제거한다. 마침내 터미네이터가 사라를 찾아내 그녀를 죽이려는 순간 카일은 사라를 구해서 함께 도망친다. 명령(프로그램)을 수행하기 위해 악착까지 쫓아오는 T-800을 피해 다니다 카일은 죽고, 힘겹게 터미네이터를 제거한다.

영화에서 로봇은 인간의 적으로 그려진다. 하지만 그 외양만큼은 철저하게 인간과 같아 마치 로봇이 모든 부분에서 업그레이드된 인간처럼 느껴지게 한다. T-800이 임무에서 실패하자 스카이넷은 어린 존 코너를 죽이기 위해 한층 업그레이드된 액체 금속 로봇 T-1000(로버트 패트릭 분)을 다시 과거로 보낸다. T-1000이 사라와 존을 죽이려고 할 때 그들 앞에 나타난 것은 놀랍게도 터미네이터 T-800이었다. 이미 터미네이터의 공격을 받은 적이 있는 사라는 T-800을 보고 엄청난 공포를 느끼며 도망치려고 한다. 하지만 T-800이 T-1000으로부터 자신들을 지켜주는 것을 보고는 유대감을 느끼게 된다. 그리고 T-800과 함께 도망친다. 2편부터는 터미네이터가 아버지가 없는 존의 훌륭한 보호자 역할을 해낸다. 어떤 측면에서는 인간 아버지가 할 수 있는 것보다 더 존을 위해 몸 바쳐 노력한다. 그런 모습에 사라마저 T-800을 든든해한다.

터미네이터가 존 코너를 돌봐주지만 그가 로봇이라는 것은 변함이 없다. 1편에서는 적이었던 터미네이터를 2편에서는 보호자로 그려낸 것은 더욱 강력한 터미네이터를 물리치기 위해서는 인간의 힘만으로는 부족했기 때문이다. 그리고 이러한 스토리가 먹혀들 만큼 로봇 공학이 발달하며 로봇에 대한 사람들의 생각이 변했기 때문이기도 하다. 물론 영화 속에서 인간을 공격하는 악당 로봇만 있었던 것은 아니다. 로봇 병기라 고 하더라도 〈로보트 태권V1976〉나 〈마징가 Z1972〉와 같이 악당들로부 터 사람들을 지켜주는 로봇도 있다. 또한 〈철완 아톰1952-1968〉처럼 친숙 한 아이의 모습을 하고 있거나 〈스타워즈Star Wars, 1977〉 시리즈의 R2D2 처럼 귀여운 장난감 같은 로봇도 있다. 영화에서는 다양한 로봇의 모습 이 나오지만, 궁극적으로 인간이 꿈꿔온 로봇은 인간을 닮은 모습임을 어렵지 않게 알 수 있다.

창조주를 꿈꾸는 인간의 욕망

　종교와 신화에는 세상의 창조와 인간 탄생에 대한 이야기가 등장한다. 성경에는 창조주가 진흙으로 자신의 형상과 닮은 인간을 빚은 후 생명을 불어넣었다고 한다. 이와 유사하게 유대인의 전설에는 진흙으로 빚은 거인 골렘Golem이 유대인을 지켜준다는 이야기가 나온다. 골렘은 아담과 마찬가지로 진흙으로 만들어졌다. 단지 아담은 신이 만들었다면 골렘은 인간이 만들었다는 차이가 있을 뿐이다. 골렘은 탈로스와 마찬가지로 유대인을 지켜주는 하인 역할을 충실히 했다.

　인류는 오랜 옛날부터 자신을 대신해 일해주거나 지켜주는 존재를 꿈꿔왔다. 이러한 욕망은 인류를 다른 동물과 구분하는 기준이 되기도 했다. '도구를 사용하는 인간'이라는 뜻의 '호모 파베르Homo Faber'는 인간의 특성을 잘 나타내주는 말이다. 인간은 끊임없이 자신이 의도하는 대로 자연을 변화시켜 왔다. 그것이 바로 공학Engineering의 시작이요, 인류가 문화를 탄생시킨 시발점이었다.

　200만 년 전 사족보행에서 이족보행을 하게 된 인류의 조

▲ 프라하에 전해지는 골렘의 모습

상은 자유로워진 손으로 도구를 만들어낸다. 최초의 도구는 단순히 돌 조각이나 나무막대 수준이었다. 하지만 점차 정교해져갔다. 원시인은 돌을 깨트리면 더욱 날카로워지며, 나무막대의 끝을 뾰족하게 갈면 사냥에 유리하다는 것을 깨달은 것이다.

공학은 과학과 달리 구체적인 목적이 있다. 인간은 도구를 사용하여 건물을 짓고, 새로운 물건이나 기계를 만든다. 자연에서 태어난 인류가 자연을 벗어나 문명을 건설하고 새로운 삶을 살게 된 것은 인간이 타고난 엔지니어였기 때문이다. 타고난 엔지니어로서 인간은 탈로스나 골렘과 같이 자기 대신 일할 로봇을 꿈꿔왔던 것이다.

물론 탈로스나 골렘을 로봇이라고 부르지는 않는다. 탈레스나 골렘은 공학적인 메커니즘이 아닌 신의 능력이나 마법으로 움직이기 때문이다. 하지만 이런 기계를 가지고 싶었던 인류의 꿈은 오랜 세월에 걸쳐 점차 기계를 발달시키는 중요한 원동력이 되었다. 돌도끼에서 시작된 인류의 도구는 바퀴나 지레, 도르래와 같이 다양한 형태로 발달했다. 또한 증기기관을 이용해 자동으로 움직이는 장치도 만들어냈다. 고대 그리스의 철학자 헤론은 최초의 증기기관을 만들고 이를 이용해 신전의 문이 열리는 자동 장치도 만들었다. 새로운 도구는 또 다른 도구의 출현을 가져왔고, 도구가 결합되어 더 복잡한 기계도 만들어냈다.

중세에 접어들자 다양한 장치가 있는 기계장치가 등장했다. 복잡한 기계장치를 이용해 스스로 움직이는 기계를 오토마톤Automaton이라 불렀다. 비록 성능은 떨어지지만 오토마톤은 탈로스나 골렘이라는 움직이는 기계를 전설에서 현실로 실현시킨 셈이다.

로봇의 탄생, 인간의 미래

대부분의 오토마톤은 시각을 알려주는 수탉 모양의 시계처럼 재미난 장난감 수준에 불과했다. 하지만 오토마톤도 더 정교한 것이 등장하면서 글을 쓰는 자동인형처럼 사람을 닮아가기 시작했다. 이미 자동인형은 재미있는 장난감이 아니었다. 자동인형은 점점 사람을 닮아가는 피조물이 되어갔다. 신이 자신의 형상대로 인간을 창조했다는 성경에 따르면 이러한 행위는 교회에서 보기에 신성모독이었다. 사람을 기계 장치와 비교하는 것도 불경스럽다고 여겼다. 그래서 자동인형을 만든 사람은 감옥에 갇혔고, 라메트리Julien Offray de La Mettrie가 쓴 《인간기계론L'Homme machine, 1748》과 같은 책은 발간되자마자 교회에 의해 불태워졌다.

단지 공학적인 일이라는 이유로 처벌받는다는 것이 오늘날의 관점에서는 도저히 납득가지 않을 것이다. 하지만 사람이나 동물을 복잡한

▲ 《인간기계론》 저자 **라메트리**

기계로 생각하는 유물론적 관점에서 생각하면 이러한 우려가 결코 과한 것은 아니다. 자동인형을 만들다 보면 언젠가는 신이 창조한 인간만큼 흡사한 자동인형이 등장할 것이기 때문이다. 당시 논의된 기계와 인간의 경계가 이젠 철학의 영역만이 아닌 공학의 문제가 될 만큼 현실로 다가왔다. 그때는 기술 부족으로 단순한 동작만 했던 자동인형이 이젠 인간의 자리까지 넘볼 수 있다는 걱정을 할 정도까지 된 것이다.

이미 중세시대부터 오토마톤이 만들어지긴 했지만, 로봇이라는 용어가 처음 등장한 것은 1920년 체코슬로바키아의 극작가 카를 차페크Karel Čapek의 희곡《로썸의 만능 로봇R.U.R.: Rossum's Universal Robots, 1920》이라는 작품이다. 로봇robot은 '노동' 또는 '고된 일'을 뜻하는 체코슬로바키아 말인 '로보타robota'에서 온 말이다. 이 희곡에서 로썸은 인간의 명령대로 작동하는 기계인 로봇을 만들어낸다. 로썸의 로봇은 감정이 없지만, 인간보다 작업능력이 더 뛰어나다. 인간보다 더 뛰어난 로봇들이 인간의 종으로 있으니 항상 불안한 상황이었다. 결국 로봇들

▲ 오토마톤(CIMA_mg_8332)

은 인간의 하수인으로 충실하게 일했지만 반란을 일으키고 인간을 멸종시켜 버린다. 비록 소설이기는 하지만 인간보다 뛰어난 기계들이 인류를 위협할 수 있다는 생각이 싹트기 시작한 것이다.

로봇과 인간의 관계를 정립해야 한다는 생각 가운데 가장 유명한 것은 SF의 대부 아이작 아시모프Issac Asimov의 로봇공학 3원칙이다. 이 원칙이 로봇과 인간의 관계를 잘 정립했다고 알려졌지만 여러 논란이 있다. 아시모프의 로봇 공학 3원칙('첫째, 로봇은 인간에 해를 가해서는 안 된다. 둘째, 로봇은 인간의 명령에 복종해야 한다. 셋째, 로봇은 자신을 보호해야만 한다.' 이 원칙에는 위계가 있어 첫 번째가 두 번째나 세 번째 원칙보다 우선한다.)은 사실상 로봇을 인간의 노예로 취급한 것과 다름없다. 또한 로봇 공학 3원칙만으로 다양한 상황을 대처하기에는 부족하기에 최근에는 로봇 윤리를 논하고 있다. 로봇 윤리는 단순히 로봇의 행동만이 아니라, 로봇을 제작하는 사람의 윤리까지 다룬다. 즉 로봇을 제작할 때 어떤 원칙을 지켜야 할지를 생각하는 것이다.

과거와 달리 오늘날 로봇은 장난감부터 산업이나 의료, 군사용까지 다양한 분야에서 활용된다. 로봇의 수가 넘쳐나고 성능이 향상되면서 로봇을 시계처럼 단순한 기계로 볼지 강아지처럼 새로운 종으로 볼지에 대한 사회적 논의가 필요해졌다. 아침에 여러분의 잠을 깨우는 자명종 시계가 짜증난다면 바닥에 던져버릴 수도 있겠지만, 강아지를 던지거나 발로 찰 수는 없다(그러한 행동은 법적으로 처벌받거나, 윤리적으로 비난받는다).

로봇을 발로 차서 넘어뜨렸는데 만일 머리가 떨어져 나갔다면 법적으로는 처벌받지 않아도 깨진 시계와는 또 다른 느낌을 받을 것이다. 이미 많은 영화와 소설에서는 로봇을 친구나 가족으로 묘사하고 있다. 천사가 나무 인형이었던 피노키오를 소년으로 바꿨듯이 인공지능의 발달은 로봇을 마치 살아 있는 개체인 듯 착각하게 만들었다. 물론 아무리 로봇 기술이 발달해도 결국은 인간의 프로그래밍에 의한 반응일 뿐, 의식을 가질 수 없으니 좀 더 잘 만든 기계에 불과하다는 주장도 있다. 과연 로봇은 앞으로 기계와 인간 사이에서 어떤 위치에 있어야 할지, 매우 중요한 문제가 될 것이다.

증기기관은 열에너지를 역학적 에너지로 전환시켜 일하는 장치입니다. 이와 같이 열에너지로 일하는 장치를 열기관이라고 부릅니다. 열기관은 열을 공급하는 연소 장치가 외부에 있으면 외연기관이라고 하고, 내부에 있으면 내연기관이라고 부릅니다. 따라서 증기기관은 외연기관이며, 가솔린엔진은 내연기관입니다.

증기기관은 기계 시대의 시작을 알리는 중요한 장치였습니다. 증기기관은 액체의 물이 끓어 수증기가 될 때 부피가 늘어나는 것을 이용하는데, 이것이 증기기관차에 쓰이는 한물간 기술처럼 보이지만 원자력 발전소에서도 쓰인답니다. 원자력 발전소에서는 석탄이 아닌 핵분열 시에 발생하는 열로 물을 끓인다는 것만 다를 뿐입니다. 증기기관은 열에너지를 이용해 기계 장치를 작동시킵니다. 증기기관으로 로봇이나 기계장치가 등장하는 장르를 스팀펑크라고 합니다.

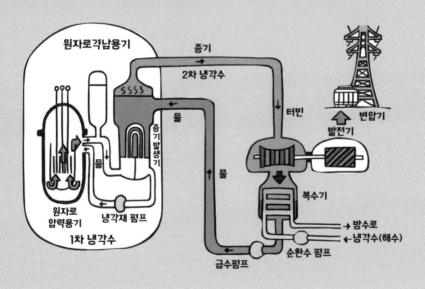

03:

인공지능의 시대를
살아간다는 것

영화 <에이 아이(A.I.)>

배우고 때로 익히면 또한 기쁘지 아니한가?

(學而時習之 不亦說乎, 학이시습지 불역열호)

- 《논어(論語)》'학이(學而)편'

사서오경(四書五經)은 중국의 유교 사상을 담은 책이다. 사서(四書)는
《논어(論語)》《맹자(孟子)》《대학(大學)》《중용(中庸)》을 일컫고, 오경(五經)
은《시(詩)》《서(書)》《역(易)》《예기(禮)》《춘추(春秋)》의 5책을 말한다. 그
중 한편인《논어(論語)》는 공자의 사상을 담은 유학의 경전과도 같은 책
이다.《논어》의 첫 문장이 바로 '학이시습지 불역열호'이다. 이 부분을 '학
이'라는 단어를 따서 '학이편'이라고 부른다.

현재 남아 있는 논어는 '학이편'에서 '요왈편'까지 총 20편으로 되어 있
다. 가장 중요하다고 할 수 있는 책의 첫 문장이 이렇게 시작하는 건 평생
을 배우고 공부하는 데 게을리해서는 안 된다는 것이 공자의 근본 가르
침이기 때문이다. 동양 고전의 어머니로 불리는《논어》는 오늘을 살아가
는 현대인에게도 많은 가르침을 주는 훌륭한 인문학 교재다.

유학에서는 선비가 되기 위해 배우는 일을 게을리하지 말아야 함을 강조한다. 인간이 인간답다는 것은 배움을 통해 가능한 것이다. 하지만 이제 이것은 인간에게만 해당되는 것이 아니다. 인공지능 역시 배움을 통해 더 똑똑해지고 있기 때문이다. 인간이나 컴퓨터나 학습 즉 배움의 원리는 크게 다르지 않다.

인간보다 인간 같은 AI 데이비드의 꿈

온실효과로 빙하가 녹아 해안 도시들은 바다에 잠겨 사라진 미래. 수많은 사람들은 보금자리를 잃고 도시를 떠났고, 온실가스로 인해 기후는 엉망이 되어버렸다. 가난한 나라는 굶주림에 시달려 식량을 소비하지 않는 로봇이 새로운 노동력으로 등장하게 되었다. 인공지능 로봇은 인류를 대신해 다양한 일을 수행한다.

인공지능 로봇은 집안일까지도 대신해주고 있지만 하비 박사(윌리엄 허트 분)는 여기서 그치지 않고 감정을 지닌 로봇을 만들어낸다. 그래서 감정을 지닌 최초의 인공지능 로봇인 데이비드(할리 조엘 오스먼트 분)가 탄생한다. 데이비드는 로봇 회사의 직원인 헨리 스윈튼(샘 로바즈 분)의 집에 분양되어 테스트를 하게 된다. 스윈튼 부부의 친아들 마틴이 불치병에 걸려 치료약이 개발될 때까지 냉동되어 있기에 아들을 대신할 로봇으로 데이비드를 보낸 것이다. 데이비드는 다른 로봇과 달리 마치 어린아이처럼 인간의 보살핌을 필요로 하고 사랑하는 감정을 느끼도록 프로그램되어 있었다. 이러한 데이비드의 반응에 엄마 모니카도 조금씩 마음을 열어간다. 그러던 중 친아들 마틴이 깨어나 치유되어 가족의 품으로 돌아오면서 모든 것이 틀어진다. 마치 형제간에 사랑을 독차지하기 위해 다투듯이 마틴과 데이비드는 사사건건 부딪힌다. 결국 모니카는 데이비드를 테디 베어 로봇과 함께 숲 속에 버린다.

숲에 버려진 테디 베어와 데이비드는 진짜 사람이 되기 위해 험난한

여행을 떠난다. 집에서 엄마에게 들었던 동화를 떠올리며 진짜 인간이 되면 엄마의 사랑을 다시 받을 수 있을 거라고 생각한 것이다. 여행길에서 만난 연애 로봇 지골로 조(주드 로 분)와 함께 데이비드는 로봇의 세계와 인간의 세계 사이에서 끔찍한 경험들을 겪는다. 결국 데이비드는 자신의 꿈을 이루지 못한 채 기능이 멎어 버린다. 데이비드의 기다림은 결국 2천년 후 미래에서 잠시 꿈을 꾸듯 이뤄진다.

인공지능은 희망일까? 두려움일까?

"이세돌이 진 것일 뿐 인간이 진 게 아니다."

– 이세돌

2016년 인공지능 알파고와 이세돌 9단 사이에 자존심을 건 바둑 대결이 펼쳐졌다. 이번 대국이 많은 관심을 끈 이유는 1985년부터 2005년까지 체스 챔피언이었던 게리 카스파로프마저 인공지능에게 무릎을 꿇고 이제 바둑만 남아 겨우 인간의 자존심을 지켜주고 있었기 때문이다. 카스파로프는 1989년 IBM 딥 소트Deep Thought의 도전을 가볍게 물리치고 1996년에는 딥 블루Deep Blue와의 경기도 쉽게 이겼다. 하지만 1997년 업그레이드된 딥 블루에게는 1승 3무 2패의 전적으로 패하고 만다. 딥 블루는 카스파로프에게 승리하면서 인간 챔피언을 이긴 최초의 인공지능 컴퓨터가 되었다. 경기에 진 카스파로프는 딥 블루와의 경기를 치르며 컴퓨터가 아닌 인간과 두는 경기처럼 느꼈다고 했다. 체스의 전설적인 존재인 카스파로프가 창의성이 없는 한낱 기계라고 생각한 컴퓨터에게 진 것이다. 카스파로프와 딥 블루의 경기도 20년 전 이야기가 되었다. 오늘날 체스에서는 더 이상 인간이 인공지능 컴퓨터를 이기기는 어렵다. 20년 동안 컴퓨터의 성능도 향상되었기 때문이다.

그나마 인간에게 위안이 된 것은 체스보다 경우의 수가 훨씬 많은 바둑에서는 인공지능에게 인간이 앞선다는 사실이었다. 그래서 이번 바둑이 인간과 인공지능의 대결처럼 비춰지면서 세간의 관심을 모았다. 경기 결과는 아쉽게도 1승 4패로 이세돌의 패배로 끝났다. 이세돌이 내리 3판을 지면서 알파고의 놀라운 능력을 세상이 보게 되었다. 이 경기에 대해

혹자는 1202대의 컴퓨터가 연결되어 경기를 했으니 처음부터 공정한 경기가 아니었다고도 말했다.

세 번의 경기에서 패한 이세돌은 자신이 진 것일 뿐 인간이 진 것은 아니라며 4국에 임한다. 3국까지는 인공지능이 인간에게 도전했다면 4국부터는 인간의 도전이 시작된 것이다. 이세돌은 4국에서 알파고에 승리를 거둔다. 하지만 여기서 끝내지 않고, 5국에서는 불리한 흑을 잡고 알파고에 도전장을 내밀었다. 멋진 경기를 펼쳤지만 이세돌은 아쉽게도 알파고에 패하고 말았다. 경기를 끝마친 이세돌은 "내 능력이 부족한 탓"이라고 당당히 밝히고, 집중력에 있어서 알파고를 이기기는 어려울 것 같다고 말했다.

알파고와 이세돌의 경기 후 인공지능에 대한 많은 이야기가 오갔다. 그리고 터미네이터나 데이비드에 대한 이야기를 하며 영화 속 인공지능 로봇이 등장할 미래의 모습을 쏟아냈다. 인공지능 알파고를 보고 한편에서는 두려움을 느끼고, 다른 한편에서는 희망을 내다보고 있다. 그렇다면 과연 인공지능은 인류에게 희망일까? 두려움일까?

인공지능의 현재와 미래를 제대로 보기

알파고와 이세돌의 대결로 인해서 사람들은 '인공지능'Artificial Intelligence, AI이 더 이상 영화 속 이야기가 아님을 실감했다. 심지어 뉴스에서 알파고에 대한 자료 화면으로 영화 〈터미네이터〉의 로봇을 보여주는 바람에 알파고의 미래가 마치 '스카이넷Skynet'처럼 무섭게 비춰지기도 했다. 즉 미래에 인간을 뛰어넘을 인공지능의 가능성을 보여준 것이 마치 알파고처럼 된 것이다. 알파고의 뛰어난 성능은 많은 컴퓨터를 연결해 성능을 향상시킨 것도 있지만 결국 바둑을 잘 두는 방법을 인간에게 배웠기에 가능한 것이다.

우리는 흔히 인공지능이 사람을 닮은 컴퓨터(혹은 프로그램)라고 오해한다. 튜링 테스트처럼 인간과 동일한 생각(반응)을 할 수 있는 것이 인공지능이라는 것이다. 하지만 컴퓨터 공학자들은 인간의 지능을 닮은 컴퓨터만을 인공지능으로 보지 않는다. 인간처럼 모든 일을 알아서 척척 해낼 수 있는 인공지능은 '강한 인공지능Strong AI'이라고 한다. 또한 알파고처럼 특정 문제를 해결하는 능력의 컴퓨터는 '약한 인공지능Weak AI'라고 불린다. 알파고라는 이름은 그리스 문자의 첫 글자인 '알파'와 바둑을 의미하는 일본어 '고'를 합쳐 만든 것이다. 알파고는 바둑에서는 세계 최고 인공지능이지만 다른 문제를 해결할 능력은 없다. 이처럼 약한 인공지능은 검색엔진부터 번역 프로그램에 이르기까지 다양한 분야에서 활용되고 있다. 그렇다면 알파고는 어떻게 바둑을 잘 둘 수 있게 되었을까?

바둑은 서로 한 수씩 번갈아가며 둔다. 이때 자기 순서가 되었을 때 자기 수만 생각하는 것이 아니라 상대방이 다음 수로 어디에 둘지를 고려해야 한다. 이 문제를 해결하기 위해 알파고는 기계학습(머신러닝)이라는 방법으로 바둑 공부를 했다. 그동안 벌어진 인간들의 대국을 학습하는 방식으로 최적의 수를 두는 방법을 배운 것이다. 이러한 기계학습 방법은 과거에도 있었지만 그동안은 컴퓨터가 수많은 데이터를 빠른 시간 내에 분석할 수 있는 수준이 되지 않았다. 하지만 기술 발달로 이제는 가능해졌다.

이처럼 알파고와 같이 특정분야에서는 인간을 능가하는 인공지능이 등장했다. 하지만 인간처럼 다양한 문제를 해결할 수 있는 강한 인공지능이 등장하기까지는 상당한 시간이 걸릴 것이다. 한 여행 프로그램에 나온 번역 프로그램이 "핫도그 세 개 주세요."란 말을 "Hotdog world please.(핫도그 세계 주세요.)"로 오역한 것처럼, 사람이라면 결코 실수하지 않을 것들을 인공지능은 구분하지 못한다. 게다가 아직까지는 약한 인공지능도 제대로 구현하기 쉽지 않다.

그러나 인공지능은 우리의 일과 생활에 분명한 영향력을 끼칠 것이다. 이를테면 앞으로 운전사나 배달업, 판매원 등의 직업은 사라질 가능성이 크다. 심지어 약사나 판사, 금융직종처럼 전문직 역시 전망이 밝지 못하다. 이미 IBM의 인공지능 의사인 닥터 왓슨은 60만 건의 연구 논문과 150만 명에 이르는 환자 기록을 바탕으로 제공된 의학 영상을 진짜 의사보다 더 정확하게 분석해내고 있다. 아무리 뛰어난 의사라고 하더라도 왓슨보다 진단 경험을 많이 보유할 수는 없으니 이는 이미 예견된 결과다. 오히려 미용사처럼 더 적은 수련기간을 거치는 직업이 오래 살아

남을 수도 있다. 단순히 머리카락을 자르는 로봇은 나올 수 있겠지만, 미용사는 단순히 머리카락만 자르는 역할이 아니기 때문이다. 미용사는 사람들과 소통해 요구를 판단하며 그들의 스타일에 맞춰 미용을 해줘야 하기 때문이다.

또한 단순 암기와 문제 풀이 방식의 공부는 더 이상 필요 없는 세상이 올 것으로 보인다. 누구도 인공지능보다 더 암기와 계산을 잘할 수는 없기 때문이다. 여러분의 미래 직업도 이러한 점을 함께 고민하며 찾아볼 필요가 있다. 미래에 창의성을 강조하는 이유는 이것이 아직까지는 인공지능으로 구현하기가 상당히 어려운 영역이기 때문이다. 문제는 인간이 아무리 인공지능을 앞서기 위해 노력하더라도 결국은 추월당하는 시점이 올 것이라는 점이다. 인공지능이 인간보다 더욱 우수한 지적 능력을 가지게 된 시점을 '기술적 특이점Technological singularity'이라고 한다. 특이점이 오지 않을 수도 있지만 지금의 인공지능 발달 속도를 본다면 수십 년 내에 다가올 수도 있다. 그렇다면 우리는 특이점이 오지 않도록 인공지능의 발달 속도를 늦춰야 할까? 아마 공학기술의 진보 특성상 그것은 어려울 것이다. 그래서 인공지능 로봇에 대한 이야기가 단지 영화 속의 일이 아니라 실제로 심각하게 고민할 때가 된 것이다.

현대를 디지털 사회라고 합니다. 수많은 디지털 기기와 서비스가 우리의 환경을 둘러싸고 있기 때문이지요.

디지털은 불연속적인 값을 다룹니다. 디지털 신호에서 0과 1 또는 on과 off로 계산하는 것이 디지털 방식입니다. 이와 달리 아날로그는 연속적인 값을 다룹니다. 분침과 시침 등 바늘이 있는 시계를 아날로그 시계라고 하고, 숫자로 표시되는 것을 디지털 시계라고 하지요. 바늘로 된 시계는 바늘이 연속적으로 이동하면서 시간을 표시하지만 숫자로 표시된 디지털 시계는 숫자 사이를 표시할 수 없습니다.

우리가 일상생활에서 접하는 대부분의 신호들은 아날로그 값을 가집니다. 우리가 말할 때 목소리는 아날로그 값입니다. 마이크를 통해 말할 때에도 여전히 아날로그 값이지만 이것이 컴퓨터에 저장되는 순간 디지털 값으로 변환됩니다. 디지털 신호는 자료를 아무리 전송하고 복제해도 값이 변하지 않고, 저장과 전송이 편리합니다. 현대에는 대부분의 값을 디지털로 변환시켜 기기들 사이에 호환이 되도록 사용합니다.

:04

'타임머신'을 타면
미래를 알 수 있을까?

소설 《타임머신》

"마지막 한 잎이 떨어지면 나도 죽을 거야."

- 오 헨리의 《마지막 잎새》에서

소설《마지막 잎새The Last Leaf, 1907》는 오 헨리식 반전의 묘미를 보여주는 걸작이다. 폐병에 걸려 자신이 곧 죽을 것이라며 절망하는 소녀 존시. 존시는 창문 밖의 담쟁이 잎을 자신과 동일시하며 마지막 잎새가 떨어지면 자신도 죽을 거라는 절망에 빠진다. 비관적인 존시에게 새 희망을 준 것은 폭풍우 치는 밤에 생애 최고의 걸작을 남긴 베어먼이다. 그는 무명 화가지만 자신을 희생하며 존시가 진짜 담쟁이 잎으로 착각할 만큼 뛰어난 작품을 남긴 것이다.

존시가 마지막 잎새를 자신과 동일시하는 것처럼, 사람들은 주변 사물에서 미래에 대한 예시를 얻으려는 경향이 있다. 미래를 예견하고 대비할 수 있는 동물은 인간밖에 없다. 이는 인간만이 유일하게 시간의 흐름을 인지하고 측정할 수 있기 때문이다. 동물들도 지구나 달의 공전, 자전 주기에 맞춰 생활하기도 하지만 이것은 단순한 반응일 뿐 시간의 흐름을 인식한 것은 아니다. 시간을 지배하는 자가 세상을 지배한다는 말은 단순한 비유가 아니다. 인간이 자연에서 다른 동물과 차별성을 지니게 된 중요 시점은 시간을 인지하고 이용하면서부터다.

시간을 발명해낸 인류, 문명을 이루다

우리는 원래 자연에 시간이라는 것이 존재하며 이것을 인간이 시계를 발명하여 측정한다고 생각한다. 하지만 조금만 생각해보면 시간은 시계로 측정한 것이라는 순환논리에 빠짐을 알 수 있다.

인류는 해가 뜨고 졌다가 다시 뜨기 전까지를 하루라고 불렀다. 하지만 해가 뜨는 시간은 빨라지다가 어느 시기가 되면 다시 느려졌다. 그래서 해가 뜨는 것만으로는 정확하게 하루를 정하기 어렵다는 것을 알게 되었다. 그리고 해가 오는 위치를 정해서 같은 위치에 오면 하루라고 정했다. 이렇게 하루의 길이를 정해놓고 나니 낮밤의 길이가 달라져도 하루의 길이는 거의 같았다. 또 낮밤의 길이 변화는 하루가 365번 지나면 다시 같아졌다. 이렇게 다시 처음 기준으로 정한 하루와 같은 위치에 태양이 오면 이것을 1년이라고 불렀다. 1달은 달 모양의 변화를 보고 정한 길이다. 하루하루 달의 모양이 달라지다가 다시 처음의 달 모양이 되는 시간이 1달이었다.

농경사회에서는 이렇게 자연에서 하늘을 보고 만든 시간만 가지고도 크게 불편하지 않았다. 하지만 더욱 정확한 시간을 측정하기 위해서는 천문관측 기술의 발달이 뒷받침되어야 했다. 영국의 스톤헨지와 같은 유적(논란이 있기는 하지만 스톤헨지는 고대 해시계의 일종으로 보는 견해가 일반적이다. 즉 돌은 아무렇게 세워진 것이 아니라 해의 운동에 맞춰 세워졌다는 것이다.)은 얼마나 오래전부터 인간이 시간에 맞춰 생활하고, 더 정확하게 시간을 측정하려고 노력해왔는지를 보여준다.

사실 시간을 의식하고 측정하면서 인류의 문명이 시작되었다고도 할 수 있다. 과거와 현재, 미래를 의식해야 문화가 발달할 수 있기 때문이다. 동물들처럼 생체 시계에 따라 본능적으로 생활하는 것이 아니라 미래에 대한 계획을 세우기 위해서는 시간을 측정하고 책력이 있어야 한다. 그래서 마야의 달력처럼 화려한 고대문명을 이룬 민족들에게는 어김없이 뛰어난 천문관측 기술과 정확한 책력이 있었다.

시간의 개념은 순환일까? 직선일까?

공학자들은 지구의 나이보다 긴 50억년에 1초도 틀리지 않는 정밀한 시계를 만들어낸다. 또한 과학자들은 그보다 더 정밀한 시계를 만들어내려고 다양한 측정 방법을 생각해낸다. 그러나 앞으로 이보다 훨씬 더 정확한 시계가 등장한다 해도 그것이 시간의 정체를 밝혀주지는 못할 것이다. 사실 우리가 시간이라 믿는 것은 시계로 측정한 값일 뿐이다. 시간은 시계를 통해 측정하고, 시간을 측정하는 것이 시계라는 순환논법의 고리에서 벗어나지 못하고 있는 것이다.

시간의 정체에 대한 고민은 오래전부터 있었다. 아마 들판에서 사냥하며 살던 원시인들도 시간이라는 단어를 쓰지 않았을 뿐 시간의 변화를 느끼고 있었을 것이다. 그들에게 시간은 천체의 운행 속에 무한 반복되는 그 무엇이었다. 천체의 운행은 시작과 끝도 없으며 일정한 기간이 지나면 항상 반복되었기 때문이다. 이렇게 시작도 끝도 없이 무한히 반복되는 시간에 대한 관점을 순환적인 시간관이라고 한다. 불교의 윤회 사상이 대표적인 순환적 시간관이다.

하지만 순환적 시간관은 우리의 일상 경험과는 잘 일치하지 않는다. 한번 흘러간 강물은 되돌릴 수 없는 것처럼 시간은 한번 흘러가면 되돌아오지 않는 걸로 느껴지기 때문이다. 이처럼 한번 흘러가면 되돌릴 수 없다는 시간관념을 직선적인 시간관이라고 한다. 직선적 시간관을 가진 것이 바로 기독교다. 기독교에서는 태초에 천지창조가 있었고, 예수의 재림이 있을 때 세상의 끝인 시간의 종말이 온다고 설파한다. 불교에서 전생과 현생이 있는 것과 달리 기독교에는 전생이 없다. 오로지 태어나 죽고 나면 그에 대한 심판이 있을 뿐이다.

역사를 보는 관점도 이 두 가지 시간관이 그대로 드러난다. '역사는 반복된다'는 말과 '역사의 수레바퀴'처럼 한번 흘러간 역사가 돌아오지 않는다는 관점이 그것이다. 역사가 반복된다면 어떻게 해야 할까? 우리는 역사에서 교훈을 얻어야 할 것이다. 단재 신채호 선생의 명언으로 알려진 '역사를 잊은 민족에게 미래는 없다'가 그 대표적인 메시지일 것이다(이 이야기의 출처에 대해 논란이 많다. 일부에서는 영국의 수상 윈스턴 처칠이라고도 한다). 그렇다면 정말 역사가 반복될까? 여기서 역사를 맥락으로 파악한다면 가능한 이야기이지만 동일한 사건으로 생각한다면 가능하지 않다. 역사는 직선적으로 흘러가며 똑같은 사건은 절대로 일어나지 않기 때문이다. 그래서 '과거는 그대로 반복되지 않을지 몰라도, 분명 그 운율은 반복된다.'는 마크 트웨인의 말이 시간의 흐름 관점에서 역사를 정확하게 표현했다고 볼 수 있을 것이다. 철학자나 역사학자의 시간관념과 달리, 물리학자는 시간을 흘러가는 것이라고 보지 않는다. 즉 시간이 흐른다는 것은 인간의 감각이 만들어낸 착각이라는 것이다. 아인슈타인은 우리가 과거, 현재, 미래를 구분하는 것은 환상이라고 했다. 시간은 공간처럼 과거와 현재, 미래로 펼쳐져 존재하는 것일 뿐 강물처럼 흘러가는 것은 아니기 때문이다. 그래서 물리학자들은 공간이 펼쳐진 것을 랜드스케이프landscape라고 하듯이 공간과 묶여 있는 시간은 타임스케이프timescape라고 보는 것이 옳다고 여긴다.

시간여행을 한다는 생각

소설 《타임머신The Time Machine, 1895》에서 영화 〈터미네이터〉에 이르기까지 수많은 소설과 영화에서 가장 인기 있는 SF 소재는 타임머신이다. 타임머신은 시간여행이라는 불가능해 보이는 꿈을 실현시켜 주는 매력적인 장치이기 때문이다. 타임머신이 등장하면서 시간여행은 꿈이나 마법이 아닌 과학의 테두리에서 진지하게 논의될 수 있었다. 그렇다면 실제로 타임머신을 타고 하는 시간여행이 이루어질 수 있을까?

타임머신의 가능성을 논하려면 우선 시간여행이 가능한지부터 따져봐야 한다. 시간여행이 과학적으로 불가능하다면 타임머신에 대한 논의는 무의미하기 때문이다. 여행은 서울에서 부산으로 가는 것처럼, 한 공

▲ 소설 《타임머신》 표지
(Timemachinebook)

간에서 다른 공간으로 이동하는 것을 의미한다. 시간여행은 시간의 흐름(그것이 존재한다면) 속에서 다른 시점(과거나 미래)으로 이동하는 것이다. 전통적으로 시간의 흐름은 마치 강물의 흐름처럼 생각되어 왔기 때문에 누구도 흘러간 시간을 되돌리거나 미래로 갈 수 있다고 생각하지는 못했다. 꿈이나 환영을 이용해 미래를 엿볼 뿐이었다. 이러한 전통적인 시간관념을 송두리째 바꾼 것이 바로 아인슈타인의 상대성 이론이다.

아인슈타인의 상대성 이론은 누구나 한 번쯤 들어봤을 것이지만 이를 제대로 아는 사람은 드물다. 그렇다고 이것을 이 책에서 설명하기도 어렵다. 다만 아인슈타인이 누구에게나 동일하게 흐르는 뉴턴의 '절대적인 시간'이라는 전통적인 관점을 깨트렸다는 것만으로도 타임머신에 대한 설명이 가능해진다. 벌을 받고 있는 사람이 느끼는 시간과 애인과 데이트를 하고 있는 사람이 느끼는 시간은 다르다. (허나 이건 비유일 뿐이다. 자세히 생각하면 이 예는 절대적인 시간을 설명하고 있다. 두 사람이 느끼는 시간은 다르지만 시계로 측정해보면 같은 시간이 흘렀기 때문이다.) 실제로 가속도 운동을 하는 사람들이 가진 시계는 모두 다른 빠르기로 흘러간다. (앞에서 설명했듯이 시간은 흘러가는 것이 아니기 때문에 정확하게는 '측정된다'라고 표현하는 것이 좋다.) 즉 지구에 있는 사람과 블랙홀 근처 우주선에 있는 사람이 가진 시계의 시간은 다르게 흘러간다는 것이다. 시간이 다르게 흘러가기 때문에 시간여행도 가능해진다는 것이다.

영화에는 커다란 의자 모양에서 자동차, 심지어 욕조에 이르는 다양한 종류의 타임머신이 등장한다. 미래의 타임머신이 어떤 형태일지는 알 수 없지만 상대성 이론이 등장한 후 많은 과학자들은 타임머신 제작이 과학적으로 불가능하지는 않다고 생각한다. 특히 미래로 가는 타임머신은 어느 정도의 미래로 가는가가 문제일 뿐이다.

미래로 가는 시간여행은 단지 빠르게 움직이거나 중력이 큰 곳에서 머물다가 오기만 하면 된다. 물론 여기서 빠르게 움직인다는 것은 빛의 속도에 가까운 빠르기를 말하고 중력이 큰 곳은 블랙홀 주변을 이야기한다. 물체는 빛의 속력에 가까워지면 점점 질량이 증가하기 때문에 빨라지면 빨라질수록 속력을 높이기 어려워진다. 그러므로 빛의 속력에 도달하기 위해서는 무한대의 에너지가 필요해 광속은 물체가 도달할 수 없는 금지된 영역이다. 물리학자들은 광속보다 빨리 움직일 수는 없다고 여기기 때문에 이 방법으로는 타임머신을 만들 수 없다. 또한 블랙홀 근처에서는 끌려 들어가지 않더라도 중력 차이에 의해 우주선이 찢어지지 않도록 주의해야 한다.

과거로 가는 시간여행은 이론이나 기술적으로 해결해야 할 문제가 많다. 일단 과거로 가는 타임머신을 만들려면 기본적으로 '할아버지 역설(타임머신을 탄 사람이 과거로 날아가 할아버지를 죽게 만드는 사건)'이라는 인과율

의 문제를 해결해야 한다.

할아버지 역설 문제에 대해 일부 과학자들은 이런 일이 일어날 수 없다고 주장한다. 예를 들면 할아버지에게 총을 쏘려고 해도 총이 고장 나서 절대 할아버지는 죽지 않는다는 것이다. 즉 죽을 사람은 죽고, 살 사람은 살게 되어 있다는 주장이다. 또 다른 주장으로는 과거에서 그런 일이 벌어지면 그것은 우리의 우주가 아닌 무수히 많은 다른 우주로 진행한다는 주장이 있다. 만일 할아버지가 죽게 된다면 그것은 할아버지가 죽게 되는 또 다른 우주라는 것이다. 지금 우리가 살고 있는 우주는 다양한 우주 중의 하나일 뿐이라는 것이다.

하지만 과거로 가는 타임머신에는 인과율의 문제만 있는 것은 아니다. 과거로 가기 위해서는 블랙홀이 아니라 우주의 지름길이라고 불리는 웜홀worm hole을 이용해야 하는데, 블랙홀과 달리 웜홀은 아직 발견된 바 없다. 블랙홀의 엄청난 중력을 이기는 것도 문제지만 아직 발견되지도 않은 웜홀을 이용하기는 더욱 어렵다. 또한 웜홀은 발견되어도 순식간에 사라져 버리기 때문에 이를 통과하려면 입구가 계속 열려 있도록 하는 특수한 물질이 필요하다. 이 외에도 광속에 가깝게 서로 스쳐지나가는 우주끈을 이용하거나, 회전하는 우주에서 과거로 시간여행하는 방법이 제시되고 있지만 아직까지 상상의 영역일 뿐이다.

이렇게 타임머신을 만드는 것에는 여러 어려운 점들이 있기 때문에 시간여행이 불가능할 것이라고 생각하는 과학자들도 많이 있다. 시간여행

▲ 무엇이든 빨아들이는 우주의 블랙홀이 코로나를 분출하고 있다.

이 불가능하다고 주장하는 사람은 만일 먼 미래에 타임머신을 만들었다면 왜 우리가 시간 여행자를 만나지 못하는지에 대해 의문을 품을 수 있을 것이다. 이러한 질문에 대해 미국의 물리학자 킵 손은 타임머신을 만든 그 시점으로 돌아가는 것만이 가능하기 때문이라고 말했다. 즉 시간 여행자를 만나지 못한 이유는 아직 타임머신이 만들어지지 못했기 때문인 것이다.

시간여행은 영화와 소설의 소재로 자주 등장하지만 아직까지는 그 이상의 결론을 요구하는 것은 무리인 것 같다. 하지만 시간여행이 단순히 상상에 그치는 것이 아니라 그 가능성에 대해 실제로 과학자들이 진지하게 논의하고 있는 것만으로도 우리의 호기심을 자극하기에는 충분할 것 같다.

사이언스 토크

상대성 이론의 등장 전까지는 누구에게나 시간이 동일하게 흐른다는 절대적인 시간 개념이 지배적이었어요. 하지만 아인슈타인은 시간이 상대적인 것이며 시간의 동시성 따위는 존재하지 않는다고 여겼어요. 모든 물체는 자신의 운동 상태에 따라 서로 다른 시간의 흐름을 가지므로 시간여행이 가능하다고 본 것이지요. 실제로 우주에서 날아오는 우주선(cosmic ray)과 충돌하여 생긴 뮤온 입자의 수명이 늘어난 것이나 제트기에 원자 시계를 싣고 날아가면서 시간지연 현상을 관측되어 상대성 이론이 옳다고 판명되었습니다.

CHAPTER **02**

과학으로 재난을
어디까지
막을 수 있을까?

영화, 과학 기술과 재난의
한판 대결을 그리다

서기 79년 로마의 고급 휴양도시 폼페이는 베수비오 화산 폭발로 순식간에 화산재로 덮여버린다. 이후 폼페이는 역사에서 완전히 사라졌다가 1592년 우연히 발견되어 그 비극의 역사를 되살렸다. 러시아의 화가 카를 브륄로프가 그린 <폼페이 최후의 날(The Last Day of Pompeii, 1833)>이란 작품은 그날의 비극을 되살린다. 이 그림에서 영감을 얻은 영국의 소설가 에드워드 불워 리턴이 동명의 소설 《폼페이 최후의 날(The Last Days of Pompeii, 1834)》을 탄생시킨다.

폼페이의 화산 폭발은 매우 극적인 소재다. 하지만 이러한 자연 재해가 폼페이에서만 일어난 것은 아니다. 지진이나 태풍, 해일, 홍수 등 자연에는 인간의 힘으로 감당하기 힘든 재해들이 종종 일어난다. 또한 각종 자연 재해로 면역력이 약해졌을 때 찾아오는 각종 전염병도 인류에게 치명적인 재난이다. 화산 폭발 후 냉해가 찾아와 농사를 망치면 굶주림으로 인해 전염병이 득세하여 많은 인명을 앗아갔다.

사실 인류가 문명을 이루면서 재난에서 자유로웠던 적은 한 번도 없었다. 과학 기술이 발달한 오늘날에도 자연 재해 앞에 인간은 너무나 무력해진다. 우리가 할 수 있는 일은 자연 재해의 피해를 줄이는 것뿐이지 원천적으로 재해를 막을 길은 아직 없다. 화산폭발에 대비해 주민을 대피시키고, 내진설계로 튼튼한 건물을 만들 뿐 화산과 지진을 막을 수는 없다. 앞으로도 자연 재해는 끊임없이 발생할 것이다. 하지만 대비를 철저히 한다면 그 피해는 최소한으로 줄일 수 있을 것이다.

자연 재해만큼 무서운 재난이 바로 인재다. 자연 재해는 인간의 의지와 상관없이 발생하지만 인재는 얼마든지 줄일 수 있다. 절대로 침몰할 것 같지 않은 타이타닉호가 바다에 가라앉은 것은 마치 바벨탑을 만든 것처럼 기술에 대한 인간의 자만심이 있었기 때문이었다. 당시 타이타닉은 최신 기술과 안전한 구조를 지닌 배였지만, 안전수칙을 무시하고 운항해 참사를 부른 것이다. 해안가에 살던 인류의 조상들도 물보다 가벼운 나무로 배를 만들어야 물에 뜬다는 것을 알고 있었다. 하지만 과학 기술의 발달로 엄청나게 큰 배를 건조할 수 있게 되자 물보다 무거우면 가라앉는다는 기본 사항조차 망각하는 일이 벌어진 것이다. 타이타닉호과 세월호 사고에서 원칙을 소홀히 하면 뛰어난 기술력이 있어도 언제든 재난을 당할 수 있음을 명심해야 할 것이다.

업적이나 성과 위주의 기술이 아니라 안전과 환경을 생각하는 기술만이 미래를 보장할 수 있다는 것을 우리도 깨달아야 할 것이다.

:01

V의 습격,
바이러스의 공격이
시작되다

영화 <감기>

사랑과 기침은 감출 수 없다.

- G. 허버트

사랑과 관련된 격언이나 이야기는 수없이 많고 인류가 사라질 때까지 아마도 끝이 없을 것이다. 사랑은 단지 두 사람만의 문제가 아니라 역사를 이끌어가는 중요한 원동력이다. 인간이 문화를 일으키고 지적인 동물인 체하더라도 그 내면에 있는 감성적인 측면을 어찌할 수 없다. 사람들은 스스로 이성에 따라 판단한다고 여기고 싶겠지만 대부분의 경우 그렇지 못하다.

사랑에 빠진 사람의 행동은 그렇지 않은 사람과 다르다. 사랑은 아무리 감추려고 해도 감춰지지 않는다. 이미 뇌 속에는 호르몬의 분비가 달라지기 때문이다. 그래서 사랑에 빠진 연인은 이성에 따른 합리적인 판단이 아니라 감정에 의한 이해할 수 없는 결단을 흔히 내리게 된다. 인간이 아무리 지적인 체해도 뇌는 전기화학적인 신호에 의해 작동될 뿐이다. 따라서 호르몬의 농도가 달라지면 행동에 변화가 오고 평소와 다른 행동을 자기도 모르게 해버리는 것이다. 마찬가지로 기침은 아무리 하지 않으려 해도 참을 수 없다. 기침도 대뇌에서 이성적 판단으로 제어되는 것이 아니기 때문이다.

사랑은 호르몬에 의해 인간의 행동이 변화되면서 들통나지만 감기는 바이러스에 의해 신체가 반응을 일으키며 알게 된다. 바이러스는 기침을 통해 자신의 분신들을 널리널리 퍼트리는 전략을 사용한다. 따라서 바이러스에 지배된 사람은 자신의 의도와 상관없이 기침을 하게 된다.

바이러스는 도대체 어디서 나타난 것일까? 🔭

영화 속에는 다양한 세균이나 바이러스가 등장해 재난을 일으킨다. 그들은 도대체 어디서 나타난 것일까? 영화 〈부산행2016〉에서는 연구실에서 실험 중이던 바이러스가 누출되어 재난이 일어난다. 또는 지구에는 아직 인간의 손길이 닿지 않는 곳이 많이 있으니 그곳에서 왔을 수도 있다. 밀림이나 깊은 지하, 빙하 속에서는 아직도 우리가 모르는 생명체들이 살고 종종 발견된다. 이러한 미지의 장소가 새로운 생명체들이 등장하기에 좋은 장소임은 분명하다.

새로운 종류의 생명체는 돌연변이에 의해서도 만들어진다. 돌연변이는 자연적으로 발생하지만 실험을 하는 과정 중에도 만들어진다. 강력한 돌연변이원인 방사선에 노출되었을 때 새로운 생물이 종종 등장하고는 한다.

이렇게 새로운 생물의 등장을 추적하면 결국 생물의 기원까지 올라가게 된다. 미지의 생물이 발견되려면 그에 앞서 그 생물이 탄생했어야 한다. 돌연변이도 결국 원래 생물에서 새로운 형질을 가진 개체가 만들어지는 것이기 때문이다. 영화 〈미션 투 마스Mission To Mars, 2000〉에서는 지구 생물의 기원을 화성에서 찾는다. 영화 속 화성에는 지구보다 먼저 문명이 발달했고 화성인이 지구로 생명의 씨앗을 보낸다. 이 생명의 씨앗 덕분에 진화가 일어나 인류가 탄생되었다는 것이다.

한편 티그리스와 유프라테스 강가에서 문명을 일군 수메르인은 생명이 자연에서 저절로 생겨난다고 믿었다. 수메르인은 강이 범람하고 난 뒤 진흙 속에서 싹이 트고 아무것도 없었던 웅덩이에서 생명이 탄생하는 것을 보았다. 그리고 생명의 자연발생설을 생각해낸 것이다.

기원전 4세기 그리스의 철학자 아리스토텔레스도 흙탕물에서 곤충이 생기는 것처럼 생명이 저절로 생겨난다고 주장했다. 아리스토텔레스의 자연발생설은 오랫동안 당연하게 받아들여졌다. 17세기 벨기에의 화학자 헬몬트는 땀에 젖은 옷에 우유와 기름, 밀가루를 묻혀 항아리에 넣었다. 그는 이 항아리를 창고에 두었더니 쥐가 생겨난 것을 보고 자연발생설이 옳다고 주장했다. 오늘날의 관점에서는 참으로 황당한 실험처럼 보이지만 과거에는 이를 반박하기 쉽지 않았다. 그릇에 음식물을 보관하면 아무리 잘 두어도 결국 곰팡이가 피는 것을 보면 헬몬트의 실험이 옳다고 생각되었던 것이다.

자연발생설을 부정하는 실험은 이탈리아의 박물학자 스팔란차니 Lazzaro Spallanzani에 의해 고안되었다. 스팔란차니는 고기즙을 가열하여

▲ 스팔란차니Spallanzani

살균한 다음 입구를 용접하여 플라스크를 밀봉했다. 밀봉한 플라스크에 담긴 고기즙은 오랜 시간이 지나도 상하지 않았다. 이것은 통조림을 탄생시킨 중요한 실험이었다. 당시 나폴레옹은 군대에서 쓸 식품의 보존법을 찾고 있었는데, 니콜라 아페르Nicolas Appert가 스팔란차니의 방법을 활용해 병조림을 최초로 만들어낸다. 그리고 파스퇴르는 이 실험을 개선해 '백조목 플라스크 실험(플라스크 입구를 백조목처럼 구부린 후 수증기가 입구를 막아 외부 공기가 들어가지 않도록 하면 플라스크 안의 고기 스프가 오랜 시간이 지나도 부패하지 않았다.)'을 했고, 이것을 바탕으로 1861년《자연발생설 비판》이라는 논문을 저술하여 자연발생설이 틀렸음을 증명했다.

생물이 자연발생하지 않는다면 대체 어디서 생겨나는 걸까? 생물은 생물에서 나온다. 이것을 생물속생설이라고 한다. 결국 오랜 논쟁과 실험을 거쳐서 사람들은 자연발생설이 아니라 생물속생설이 옳다는 것을 밝혀냈다.

감기가 재앙이 될 줄이야… 신종플루, 메르스 사태

신종플루는 신종 인플루엔자 Anovel swine-origin influenza A(H1N1) 바이러스에 의해 감염되는 독감을 말한다. 이 독감은 2009년에 처음 등장하여 2010년 대유행이 종료될 때까지 전 세계에서 무려 1만 8000명이나 되는 사망자를 발생시켰다.

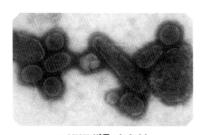

▲ H1N1 변종 바이러스

독감을 독한 감기라고 생각하는 사람이 종종 있는데, 독감과 감기는 전혀 다른 질병이다. 감기는 리노바이러스나 코로나바이러스 등 다양한 종류의 바이러스가 일으키는 질환이다. 감기 바이러스는 크게 8가지로 구분되며 그 변종까지 구분하면 200종이 넘는다.

이와 달리 독감은 인플루엔자 바이러스에 의해 발생한다. 인플루엔자 바이러스는 A, B, C, D형의 네 가지가 있는데 A형이 변이를 자주 일으킨다. 2009년 대유행으로 사람들에게 '신종플루'라는 말을 널리 퍼트린 녀석도 바로 신종 인플루엔자 A형이다. 독감은 인플루엔자 바이러스에 의한 급성 호흡기 질환이다.

몸에 감기 바이러스가 들어오면 1~3일 후에 증상이 나타난다. 일반적으로 재채기나 기침, 콧물, 코 막힘과 함께 근육통과 발열 증세가 나타난다. 건강한 성인은 대부분 1~2주가 지나면 특별한 치료 없이도 완쾌된다. 감기가 악화되는 경우는 주로 노약자이거나 합병증이 일어났을 때다. 대부분의 감기약은 증상에만 효과를 보일 뿐이다. 감기약을 먹는다고 치료 기간이 크게 단축되지는 않는다. 게다가 감기 바이러스의 종류가 다양하기 때문에 일일이 치료제를 개발하기도 쉽지 않다. 또한 감기는 건강한 사람이면 대부분 별 문제를 일으키지 않아 굳이 치료제를 투입할 필요가 없다.

독감도 감기와 비슷하게 기침이나 콧물이 나고 목안이 아픈 인후통과 함께 두통, 발열, 오한 등의 몸 전체가 쑤시고 아픈 증세가 나타난다. 그래서 사람들은 독감을 간혹 감기와 착각한다. 감기와 마찬가지로 독감도 폐렴과 같은 합병증이 일어나면 증세가 심해지기도 한다. 독감은 증세가 나타난 후, 48시간 이내에 타미플루를 복용하면 빠르게 증세가 호전된다.

감기의 경우 바이러스 종류가 많아 백신을 만들기 어려워 예방접종을 하지 않지만 독감은 예방접종을 하면 걸릴 가능성이 크게 줄어든다. 물론 예방접종을 했다고 절대 걸리지 않는 것은 아니며 효과도 1년밖에 가지 않는다.

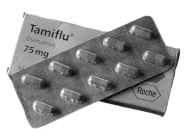

▲ 타미플루 Tamiflu

인플루엔자 바이러스의 형질에 변이가 생긴 것을 돌연변이, 줄여서 변이를 일으켰다고 한다. 인플루엔자 바이러스가 변이되는 것은 신체에 두 종류 이상의 바이러스가 침투했을 때 서로 유전자를 교환하는 과정에서 일어나는 경우가 많다. 그렇게 해서 생긴 새 바이러스에 대한 항체는 우리 몸에 아직 없기 때문에 독감이 유행하는 것이다.

영화 〈감기〉가 그려낸 전염병의 재앙 시나리오 🔭

호흡기로 감염되며 감염 속도는 초당 3.4명, 치사율이 100%인 감기가 대한민국을 덮친다면 어떻게 될까? 영화 〈감기The Fiu, 2013〉는 우리가 흔히 겪는 감기가 아니라 사상 최악의 돌연변이 감기 바이러스에 대한 이야기를 그려낸다. 주인공들은 바이러스에 감염된 사람들을 치료하기 위해 노력하지만, 감기로 인한 바이러스 확산은 멈춰지지 않는다. 결국 바이러스 확산을 막기 위해 도시를 격리하고 폭격으로 소각하려는 시도까지 가는 재앙이 펼쳐진다.

영화는 홍콩에서 밀입국하는 사람들에 의해 바이러스가 국내로 반입되면서 환자들이 발생하는 것으로 시작된다. 첫 환자가 분당에서 발생한 이후 기하급수적으로 늘어난다. 한 명의 밀입국자의 기침에서 시작된 전염은 환자들이 돌아다니며 기침하는 과정에서 도시 전체로 순식간에 번져나간다. 처음에 사람들은 기침하는 사람에 대해 대수롭지 않게 여긴다. 하지만 곳곳에서 사람들이 죽기 시작하자 도시는 순식간에 공포에 휩싸인다. 그도 그럴 것이 감염되면 36시간 안에 죽는 엄청난 바이러스이기 때문이다. 또한 기침에 의한 공기 감염이기 때문에 전염성도 엄청나게 높다.

영화는 인플루엔자 바이러스에서 시작되지만 차츰 사람과 사람, 정치인과 정치인 등 다양한 군상들이 위기에 어떻게 대처하는지를 보여준다.

재앙의 공포가 어떻게 군중들을 변모시키는지, 대통령이라면 이러한 국가의 위기 상황에서 어떤 선택을 내려야 하는지 등등 위기에 대한 다양한 생각거리를 던져준다.

이 영화는 2009년에 발생한 신종 인플루엔자에서 모티브를 따왔다. 그동안 사람들은 감기나 독감을 대수롭지 않은 질병으로 보았지만 신종 플루의 영향으로 독감이나 바이러스 질병에 대해 경각심을 갖게 되었다. 사실 과거를 돌아보면 똑같이 에이즈나 에볼라 같은 무서운 질병에 비해서 결코 가벼운 질병도 아니다. 1차 세계 대전이 끝난 지 얼마 안 되어 1918년 스페인에서 발생한 스페인 독감은 사상 최악의 사상자를 만들어 냈다. 2년 동안 이 독감으로 전 세계에서는 무려 2천 만 명이나 죽었다.

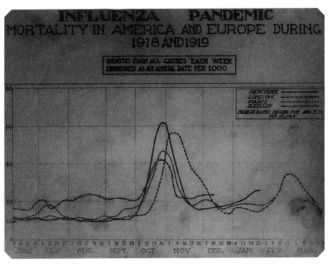

▲ 미국, 유럽 스페인독감 사망자 수치를 나타낸 그래프

이는 1차 세계 대전 사망자보다 많은 수치다.

영화 〈감기〉는 개봉 당시에는 크게 흥행하지는 못했으나 공교롭게도 2015년에 중동호흡기증후군Middle East Respiratory Syndrome, MERS 즉 메르스 사태가 터지면서 다시 주목을 받게 되었다. 그렇다면 현실에서도 이렇게 강력한 인플루엔자 바이러스가 등장할 수 있을까? 일단 치사율이 높은 바이러스가 나타날 가능성은 얼마든지 있다. 그 대표적인 것이 바로 영화 〈아웃브레이크Outbreak, 1995〉의 소재가 된 에볼라 바이러스다. 하지만 에볼라 바이러스는 일부 지역에서 죽음의 신으로 위력을 떨쳤을 뿐 전 세계적으로 퍼지지는 않았다. 에볼라가 너무나 강력해 다른 사람에게 전염시킬 시간도 없이 감염자가 죽었기 때문이다. 바이러스의 입장에서 보면 자신을 널리 퍼트리기 위해 숙주를 죽이지 않는 것이 오히려 좋을 수도 있다. 스스로 번식할 수 없는 바이러스의 경우 너무 치사율이 높으면 널리 퍼지기 쉽지 않다.

인류를 포함하여 모든 동물은 기생충과의 경쟁 과정에서 진화가 일어났다고 할 만큼 기생충과 숙주의 관계는 중요하다. 이것은 끝없는 창과 방패의 싸움이다. 기생충은 숙주의 몸에서 기생하며 에너지를 얻고 번식하려고 한다. 숙주는 소중한 에너지를 기생충에게 빼앗기지 않으려고 방어 전략을 구사한다. 그런데 이 창과 방패의 싸움은 한번으로 끝나는 것이 아니라 계속 상대방의 전략에 맞춰 수정해나가는 피드백의 연속 과정이다. 그래서 세균이나 바이러스와 공존을 모색해야 한다는 주장이 설득력 있게 받아들여지고 있다. 우리에게 거의 피해를 주지 않을 정도가 되어 함께한다면 새로운 종이 출현할 때마다 백신이나 치료제를 개발하지 않아도 되기 때문이다. 이미 헤르페스 바이러스처럼 인간과 공존하고 있는 녀석들도 있다. 물론 체력이 약해지면 헤르페스 바이러스는 대상포진과 같은 병을 유발하지만 대부분은 인체 내에서 별 문제 일으키지 않는다. 모든 바이러스와 공존할 수 있는 것은 아니지만 공존도 충분히 고려해볼 만한 일이다.

사이언스 토크

바이러스(virus)는 생물이라고 부르기 좀 애매한 녀석입니다. 생물과 무생물의 특성을 모두 지녔기 때문입니다. 바이러스는 생물의 가장 기본 특징인 자기 복제를 할 수 있는 DNA나 RNA를 가지고 있으니 생물이라 불릴 수 있습니다. 하지만 바이러스는 기생생물 밖 즉 숙주 세포를 떠나면 번식하지 않는 결정의 형태를 띱니다. 광물 결정처럼 단순히 단백질 결정일 뿐 스스로 복제하거나 생물처럼 활동하지 못합니다.

바이러스는 가지고 있는 유전물질에 따라 크게 DNA 바이러스와 RNA 바이러스로 구분합니다. 바이러스는 생물이 아니기 때문에 번식이 아닌, 증식이라고 표현합니다. 생물의 세포에 들어가 숙주 세포의 단백질 합성시스템(효소와 리보솜)을 이용해 자신을 복제해냅니다. 복제된 바이러스는 주변에 있는 또 다른 세포를 공격하거나 숙주 밖으로 나가면 결정 형태로 때를 기다리고 있다가 숙주를 만나면 증식합니다.

:02

거대한 파도 앞에 선
사람들

영화 <더 임파서블>, <해운대>

<가나가와 해변의 높은 파도 아래かながわおきなみうら>라는 그림은 일본의 카츠시카 호쿠사이Katsushika Hokusai가 그린 목판화다. 호쿠사이는 우리나라를 비롯해 전 세계에 일본 전통문화를 널리 알린 우키요에Ukiyo-e의 대가다. 우키요에는 일식집에 가면 흔히 보는 만화 비슷하게 그려진 일본 풍속화를 말한다. 일본 만화의 원류라고 할 만큼 호쿠사이의 그림에서는 일본 만화의 느낌이 물씬 풍긴다. 호쿠사이의 강렬한 그림과 채색기법은 유럽의 인상파 화가인 고흐나 모네에게 영향을 주었을 정도로 뛰어났다. 이 그림은 호쿠사이가 후지산을 소재로 한 《후가쿠 36경》 중 하나다. 이 연작 시리즈는 후지산이 배경으로 등장한 장면을 그린 그림들이다. 특히

▲ 가나가와 해변의 높은 파도 아래(The Great Wave off Kanagawa)

이 그림은 그중 가장 널리 알려진 것으로 배경의 후지산이 초라해 보일 정도로 거대한 파도의 모습이 인상적이다. 그리고 파도 사이에 금방이라도 뒤집어질 만큼 위태로워 보이는 배가 있다. 그 배에 탄 어부들이 할 수 있는 것이라고는 그저 신에게 구원을 비는 일밖에는 없어 보인다.

거대한 파도의 정체를 몰랐던 과거에는 자연의 힘 앞에 무기력할 수밖에 없었다. 신의 마음을 헤아려 단지 노여움을 달래는 방법밖에는 없었다. 하지만 오늘날에는 다양한 지진 관측 장비를 동원해 쓰나미에 대비하고 있다.

물의 행성, 지구

　인공위성으로 지구를 보면 푸른색 바다 가운데 일부 갈색 대지와 구름이 떠돌고 있는 모습이다. 그리스 신화의 대양의 신 오케아누스Oceanus로부터 나온 해양Ocean이라는 단어는 대륙을 둘러싼 바다를 의미한다. 우리가 물속 생명체가 아니라 땅 위에 살기에 우리의 행성을 '둥근 땅덩어리'란 의미의 지구라는 이름을 붙였지만 사실 지구는 1972년에 찍은 아폴로 우주인의 사진처럼 '푸른 구슬The Blue Marble'로 보이는 물의 행성이다. 지구는 3/4이 물로 뒤덮여 있어 만일 외부에서 우주선이나 천체가 떨어지더라도 물에 떨어질 가능성이 훨씬 크다.

▲ 오케아누스

지구가 처음 탄생했을 때는 바다도 없었고, 오로지 식지 않은 용암과 같이 뜨거운 상태였을 것이다. 초기에는 지각이 뜨거웠기 때문에 일부 존재한 물은 땅에 떨어지면 금방 수증기가 되어 구름이 되고, 다시 비가 되어 내렸다. 이 과정이 무려 2500만 년 지속되었다. 그러면서 지구에는 계속 혜성이 떨어지며 지구의 바다는 점점 커졌고, 지각이 식으면서 거대한 대양이 생겨난 것이다. 이렇게 해서 탄생한 바다는 지구의 생명을 탄생시켰다. 생명이 살기에 적합한 기후로 유지하는 데도 바다는 중요한 역할을 했다.

바다는 생명의 보고이지만 때로는 육지의 생명을 집어삼키는 위력을 내보이기도 한다. 때문에 바다는 오랫동안 두려움과 경외의 대상이었고, 인간의 모험심을 시험하는 곳이었다. 거대한 대양은 용감한 자들에게만 허용된 미지의 영역이었다. 인류가 관측 기술과 항해술을 발달시켜 대항해 시대를 맞이하기 전까지 바다는 항상 두려움의 대상이었다. 당시 사람들이 바다의 크기를 가늠하기 어려울 정도로 거대했기에 자칫 바다에서 길을 잃으면 표류하다 죽기 십상이었다. 또한 바다는 예측할 수 없는 변덕을 부려서 해안에 사는 사람들을 항상 두렵게 만들었다. 잔잔한 물결에 멀리 배를 타고 나가 평화로이 물고기를 잡다가도 태풍을 만나면 만선의 기쁨은 순식간에 사라지고 거대한 파도 앞에서 생존을 갈망하게 되는 것이다.

현대의 과학 기술을 바탕으로 어업을 해도 크게 달라진 것은 없다. 영화 〈퍼펙트 스톰The Perfect Storm, 2000〉에서는 빌리 타인 선장(조지 클루니 분)이 이끄는 어선 '안드레아 게일' 호가 만선의 꿈을 안고 출항을 한다. 경험과 기술을 믿고 배는 전진하지만 결국 거대한 허리케인으로 인해 귀항하지 못한다. 허리케인이 만든 거대한 파도 앞에서 조그만 고깃배는 낙엽처럼 보일 뿐이었다.

거대한 파도의 위력을 환상적으로 표현한 그림으로는 월터 크레인의 〈넵투누스의 말들The Horses of Neptune, 1893〉이 있다. 이 작품을 보면 바다의 신 넵튠이 몰고 가는 말들이 파도를 만들고, 이 파도가 해안으로 달려가는 모습이다. 그림 속에 나오는 파도처럼 바다에서 발생하는 파도는 언뜻 보면 진짜로 몰려오는 것처럼 보인다. 하지만 먼 바다에서 발생하는 파도들은 바닷물이 직접 이동해서 다가오는 듯한 착각을 일으킬 뿐 진짜로 이동하지는 않는다. 실제로 바다에서 파도가 일어날 때 물은 이동하지 않고 에너지만 전달된다. 바닷물은 단지 아래위로 진동만 한다. 바다 위에서 물고기를 잡고 있는 바다 새의 모습을 자세히 보면 새들은 물결이 출렁일 때 원을 그리듯이 제자리에서 진동할 뿐 물결과 함께 진행하면서 이동하지 않는다.

쓰나미, 해안을 쑥대밭으로 만든 파도의 정체

헨리(이완 맥그리거 분)는 가족과 함께 크리스마스 휴가를 위해 태국의 휴양지로 왔다. 해안에 있는 리조트에서 즐기며 행복을 맛보는 것도 잠시, 다음날 거대한 쓰나미가 몰려와 모든 것을 앗아가 버린다. 영화 〈더 임파서블The Impossible, 2012〉은 쓰나미로 인해 헤어진 가족을 찾기 위한 눈물겨운 노력이 그려진다.

쓰나미는 과연 남의 나라의 일이기만 할까? 영화 〈해운대2009〉는 어느 날 갑자기 부산 해운대로 몰려온 쓰나미의 재난을 그려낸다. 국제해양연구소의 김휘 박사(박중훈 분)는 해운대가 쓰나미에서 결코 안전한 곳이 아니라고 주장하는 지질학자다. 하지만 재난방재청에서는 그의 경고를 귀담아 듣지 않는다. 쓰나미라는 낯선 재난 앞에 드러난 우리의 안이한 안전 인식을 엿볼 수 있다. 그리고 운명의 그날, 해운대에 놀러 온 사람들과 그곳에 터를 잡고 살던 많은 이들이 순식간에 밀려닥친 쓰나미의 재난 앞에 힘없이 쓸려가 버린다.

두 영화 모두 쓰나미를 소재로 하나 차이점이 있다. 〈더 임파서블〉은 2004년 12월 26일에 발생한 인도양의 쓰나미를 다루었으나, 〈해운대〉는 아직까지 한 번도 일어난 적이 없는 가상의 상황을 그려냈다는 점이다. 실화를 소재로 한 〈더 임파서블〉에 등장하는 쓰나미는 피해 모습을 실제에 가깝게 재현하기 위해 쓰나미가 몰아닥친 장소에서 직접 촬영하는 등 많은 노력을 기울였다. 그래서 영화 속 장면들은 당시 쓰나미 모습을 잘 묘사해준다. 우리나라는 아직 겪어보지 못한 재난이지만 해안에서 휴가를 즐기던 사람들이 쓰나미로 순식간에 끔찍한 상황에 놓이는 영화의 장면들을 보며 그 무서운 위력을 실감할 수 있다. 〈더 임파서블〉에 등장하는 쓰나미는 인도네시아 수마트라 서북부 해역에서 발생한 규모 9.0의 해저지진에 의해 발생했다. 당시 쓰나미 경보시스템도 없던 동남아시아 국가들은 피해가 막심했다. 사망자 283,106명, 부상자와 실종자는 14,100명이나 되었다. 또한 피해액은 10조원에 이르는 것으로 집계되었다.

쓰나미tsunami는 일본어로 항구를 뜻하는 'tsu'와 파도를 뜻하는 'nami'를 합성한 말로 '항구의 파도'라는 뜻이다. 일본에서 '항구의 파도'란 이름을 붙인 이유는 먼 바다에서는 쓰나미와 같은 거대한 해일이 일어나지 않기 때문이다. 쓰나미가 먼 바다에서 발생해도 해안에 와야 위력적으로 변한다. 사실 먼 바다에서는 쓰나미가 지나가더라도 대부분 느끼지 못한다. 먼 바다에서 쓰나미의 높이는 겨우 1미터 정도인데 주기는 수십 분 이상이기 때문이다. 즉 배가 1미터를 올라갔다가 내려오는 데 수십 분이나 걸리는 파도를 어떻게 알아차리겠는가?

쓰나미가 삼킨 아틀란티스

쓰나미는 지진으로 많이 일어나긴 하나 반드시 그 이유만은 아니다. 거대한 빙하가 붕괴되거나 해안지대에서 땅 덩어리가 무너져 내리는 사태에도 발생한다. 또한 해저에서 화산이 폭발해도 쓰나미가 생긴다. 물론 발생확률은 거의 없지만 6천 5백만 년 전처럼 운석이 떨어져도 생길 수 있다. 어쨌건 지진 해일을 쓰나미라고 부르기는 하지만 모든 쓰나미가 지진 해일은 아니다.

지진이 일어나면 많은 양의 물이 들어 올려지고 다시 내려오면서 파동이 생겨 주변으로 전파된다. 이때 생긴 쓰나미의 속력은 초속 200미터를 넘는다. 그래서 인도네시아에서 생긴 쓰나미가 10여 분 만에 태국 등 주변의 해안에 몰아닥친 것이다. 쓰나미가 무서운 것은 대양을 건너서도 피해를 입히기 때문이다. 1960년 칠레 앞 바다에서 일어난 해저 지진으로 무려 14500km나 떨어진 일본이 쓰나미 피해를 입었다. 이처럼 쓰나미는 해안과 접한 곳이면 어디든 몰려올 수 있다. 2011년에 일어난 동일본 대지진 때도 무섭게 도시를 쓸고 가는 쓰나미 앞에 그저 넋 놓고 바라볼 수밖에 없었다.

약 3,600년 전에는 화산폭발로 인한 쓰나미가 화려한 미노아 문명을 궤멸시키기도 했다. 테라 화산 폭발로 대기 중에 화산재가 분출되었고, 이때 발생한 쓰나미가 산토리니 남쪽 110km에 있던 크레타 섬의 미노아 문명에 큰 타격을 주었다. 쓰나미 피해는 물론, 화산재로 기후까지 나빠진 상태에서, 미노아 문명은 결국 본토의 그리스의 침공으로 몰락하고 말았다. 이 극적인 이야기는 아마도 아틀란티스의 전설을 탄생시킨 계기가 됐을 가능성이 크다.

〈해운대〉에서는 엄청난 해일이 등장하지만 정작 실화를 바탕으로 한

〈더 임파서블〉은 그렇게 위력적으로 보이지 않는 해일이 나온다. 그럼에도 그 해일로 큰 피해를 입는다. 실제로 파도의 높이가 조금만 높아져도 위력이 크게 증가한다. 일반적으로 파도의 높이가 2배가 되면 에너지는 4배가 된다. 그래서 허리 높이의 해일이 방파제에 있던 차를 순식간에 날려버리기도 하는 것이다. 영화상에는 볼거리를 위해 엄청난 해일이 나오지만 실상은 그렇게 해일이 크지 않아도 위력적일 수 있다는 것이다.

해안에서 벌어지는 위험으로 쓰나미만 있다고 생각하면 곤란하다. 쓰나미 외에도 바다에서는 갑자기 위력적인 파도가 생겨나기도 한다. 이렇게 갑자기 생긴 파도를 '돌발중첩파'라고 한다. 여러 개의 파도가 일다 보면 파도가 중첩되어 보강 간섭이 일어나는 경우가 생긴다. 그러면서 갑자기 큰 파도가 되는 것이 돌발중첩파다. 보강 간섭은 마루(파도에서 위로 가장 높은 곳)와 마루, 또는 골(파도에서 아래로 가장 낮은 곳)과 골이 만나 진폭이 커지는 현상을 말한다. 즉 작은 파도와 작은 파도가 만나서 순식간에 큰 파도가 만들어지는 것이다. 돌발중첩파가 위험한 것은 별로 큰 파도로 보이지 않았다가 갑자기 큰 파도가 생겨서 배로 다가오기 때문이다.

쓰나미나 거대한 파도가 위력적인 것은 사실이지만 그렇다고 마냥 두려워할 필요는 없다. 쓰나미나 해일에 대한 경보 시스템은 잘 구축되어 있는 편이다. 물론 이것은 경보가 울린 후 사람들이 대피할 시간이 있는 상황에서 유효한 이야기이니, 쓰나미나 해일에 대한 대비도 철저히 해두어야 한다. 재난 경보 시스템에 대한 투자와 관리에도 더욱 힘써야 한다.

우리는 바다에서 많은 것을 얻고, 파도 에너지 연구도 활발히 진행되고 있다. 하지만 바다의 변화에 대해서는 잠시도 긴장을 늦출 수 없다. 바다에는 항상 한순간에 모든 것을 집어 삼킬 수 있는 거대한 힘이 있다는 것을 명심하자.

지구에서 물이 분포하는 영역을 수권이라고 합니다. 수권에서 해수는 97.2%로 대부분의 물이 바닷물인 셈입니다. 담수는 겨우 2.8%밖에 안 되는데 이중 2.15%를 빙하가 차지합니다. 또한 지구 전체 빙하의 90%가 남극에 있지요.

우리가 사용하는 지하수나 호수, 강물 중에서 제일 많은 양이 지하수랍니다. 거대한 강이나 호수를 보면 물의 양이 엄청나 보이지만 빙하에 비하면 아무것도 아니지요. 하지만 그 빙하도 1만 8000년 전 지구의 기온이 낮았을 때 대륙의 1/3 가량이 덮여 있었지만 1만 5000년 전부터 기온이 올라가 지금은 많이 녹았답니다.

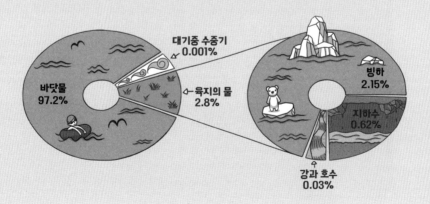

:03
인류 최악의 발명품,
핵폭탄

영화 **<K-19>**

바닷가 햇빛 바른 바위 위에 습한 간을 펴서 말리우자.

코카서스 산중에서 도망해온 토끼처럼 들러리를 빙빙 돌며 간을 지키자.

내가 오래 기르던 여윈 독수리야!

와서 뜯어먹어라. 시름없이

너는 살찌고 나는 여위어야지.

그러나, 거북이야! 다시는 용궁의 유혹에 안 떨어진다.

프로메테우스, 불쌍한 프로메테우스,

불 도적한 죄로 목에 맷돌을 달고

끝없이 침전하는 프로메테우스.

- 윤동주의 <간>

이 시는 우리에게 널리 알려진 고대 소설 《별주부전》과 그리스 로마 신화 중 프로메테우스의 이야기를 소재로 한다. 두 이야기에서 '간'을 연결고리로 하여 시를 써내려 갔지만 사실 두 이야기에는 전혀 공통점이 없다. 오히려 유혹이라는 측면에서 두 이야기는 사람들에게 교훈을 준다. 토끼는 거북이의 유혹에 넘어가 용궁에서 죽을 뻔했다. 프로메테우스는 인간에게 불을 줘서는 안 된다는 제우스의 금기를 어기고 인간에게 힘을 주려는 유혹에 넘어간다. 인간에게 있어 프로메테우스는 불을 가져다주어 문명을 만들게 한 영웅이지만 제우스에겐 신의 힘을 훔쳐간 도적에 불과하다. 무엇보다 이 불의 힘이 좋은 측면만 있는 건 아니었다.

메리 쉘리의 《프랑켄슈타인》에는 '근대의 프로메테우스The Modern Prometheus'라는 부제가 붙어 있다. 프로메테우스의 불은 새로운 과학 기술의 희망을 상징하지만 만일 그것이 잘못된 방향으로 사용되거나 예상치 못한 문제를 일으키면 오히려 인류에게 해를 끼칠 수 있음을 보여준다. 원자력이라는 강력한 힘을 찾아낸 과학자들은 스스로를 프로메테우스라고 생각하지만, 많은 이들이 생각 없이 일하는 에피메테우스(프로메테우스의 동생) 손에서 원자력이 큰 문제를 일으킬 거라고 걱정하는 것처럼 말이다.

'과부 제조기'란 살벌한 별명의 잠수함

〈K-19 K-19: The Widowmaker, 2001〉는 미소 냉전이 한창이던 1961년, 구소련의 핵잠수함 승조원이 조국과 동료들을 위해 목숨을 걸고 희생하는 영웅담을 그린 영화다. 대부분의 할리우드 블록버스트들이 미국의 영웅을 주인공으로 해 인류나 미국을 구한다는 설정인데 반해 이 영화는 소련의 군인들이 주인공인 것이 좀 독특한 대작이다. 이 때문인지 미국 관객들에게 외면당하기는 했지만 북한의 핵 위협을 곁에 두고 있는 우리에게는 가슴에 와닿는 영화이기도 하다.

구소련 최초의 핵탄도 잠수함인 K-19은 'widowmaker(과부 제조기)'라는 별명에서 알 수 있듯이 건조 때부터 많은 사고로 사망자가 속출한 잠수함이었다. 심지어 출항 직전에 군의관까지 교통사고로 죽는 등 사고가 끊이질 않았다. 미하일 플레닌(리암 니슨 분) 함장이 K-19의 출항을 반대하자 당은 그를 부함장으로 좌천시키고 충성파인 알렉세이 보스트리코프(해리슨 포드 분)를 함장으로 임명한다. 미국을 견제하려고 무리하게 출항한 K-19는 결국은 고장이 나고 폭발 위험에 처한다. 함장은 만약 원자로를 수리하지 않아 잠수함이 폭발하면 근처에 있는 미국 군함이 같이 폭발하게 될 것을 걱정한다. 이렇게 되면 미국의 보복 공격이 올지도 모르기 때문이다. 이들은 결국 우비나 다름없어 보이는 부실한 방호복을 입고 원자로 속에 들어간다. 원자로 안의 병사들은 구토를 일으키고 피부

가 물러지는 등 처참한 희생을 보여준다. 목숨을 걸고 원자로를 수리하러 들어가는 그들의 모습은 국적을 떠나 관객들에게 감동을 주기에 전혀 부족함이 없다.

원자폭탄이라고 불리지만 정확하게는 핵폭탄이라는 표현이 옳다. 핵폭탄의 에너지는 원자가 아닌 원자핵에서 나오기 때문이다. 핵폭탄이라고 하면 으레 떠올리는 사람이 바로 아인슈타인일 것이다. 아인슈타인은 미국이 핵폭탄을 제조하도록 대통령에게 편지를 전달했을 뿐 아니라 그의 너무나 유명한 공식 $E=mc^2$이 핵폭탄의 원리를 나타내는 식으로 알려져 있기 때문이다. 아인슈타인의 편지를 받은 대통령은 (악마 같은) 독일이 먼저 핵폭탄을 보유하게 되면 인류의 큰 재앙이 될 거라 생각해 맨해튼 계획에 착수한다. 맨해튼 계획은 미국이 주도한 사상 최대의 무기개발 프로그램이었다. 맨해튼 계획에 착수한 결과, 두 종류의 핵폭탄이 개발되었다. 당시 독일에서도 베르너 하이젠베르크가 이끄는 우라늄 계획을 통해서 핵폭탄을 제조하고 있었으나 그들은 끝내 핵폭탄을 완성하지 못했다.

방사선이 인체에 어떤 영향을 미칠까?

〈K-19〉에서 보여준 방사선의 위력은 그에 대한 공포심을 유발하기에 충분하다. 이러한 두려움은 많은 영화나 SF에서 방사선에 의해 괴물이 탄생한다는 이야기에 설득력을 주었다. 핵폭탄이나 원자력 발전소의 방사성 물질이 누출되면 그 피해가 상상을 초월한다는 것을 이제 많은 사람들이 알고 있다. 이와 같이 방사선이 해롭다는 것은 누구나 아는 사실(?)처럼 여겨진다. 그렇다면 이렇게 누구나 아는 상식이 과연 정확한 것일까?

방사선은 우리 주위에 흔히 있는 에너지의 한 형태로, 핵기술에 의해 어느 날 갑자기 나타난 것이 아니다. 인체가 방사선에 노출되면 효소는 활성을 잃어버리고, 단백질 구조가 변화를 일으키며 기능이 상실된다. 방사선은 DNA 사슬을 절단하거나 엉뚱하게 붙여버리기 때문에 돌연변이나 암이 생기기도 한다. 히로시마와 나가사키의 피폭자들에 대한 연구를 보면 방사선이 염색체 이상을 일으켜 암을 일으킨다는 걸 명확하게 알 수 있다. 하지만 방사선이 그렇게 해로운데 라돈탕이 건강에 좋다는 것은 대체 어떤 이야기일까?

　방사성 물질 라돈이 함유된 온천이 신경통이나 류마티스, 당뇨병과 정력 감퇴에도 효과가 있다고 알려지면서 한때 많은 사람들이 라돈탕 온천을 찾았다. 지금은 새집 증후군과 관련되어 라돈 가스가 몸에 해롭다는 사실이 널리 알려지게 되었고 이에 대한 믿음도 크게 흔들리고 있다. 분명 라돈 가스가 폐암을 유발할 수 있기 때문에 주기적인 환기가 필요한 물질이라는 것은 이미 널리 알려져 있었다. 그럼에도 라돈 온천이 사람들에게 알려진 것은 이 온천들이 몇 가지 질병에는 효험이 있었기 때문이다. (효험이 있다는 것에도 논란이 있는데, 이것이 라돈에 의한 것인지 라돈탕에 존재하는 다른 물질에 의한 것인지 명확하지 않기 때문이다.)

　그렇다면 라돈은 폐암을 유발하는 발암 물질일까? 아니면 질병을 치료하는 물질일까? 라돈은 분명한 방사성 물질이며, 1급 발암 물질이다. 하지만 방사성 물질이 몸에 좋을 수 있다는 주장을 아주 황당한 소리라고 무시해버릴 수만은 없다. 그것이 호메시스hormesis 효과에 의한 것일 수도 있기 때문이다.

　호메시스 효과는 많은 양을 쓰면 몸에 해로워도 소량이면 오히려 몸에 이로울 경우를 나타내는 말이다. 호메시스 효과 물질로 널리 알려진 것이 요오드나 구리, 콜레스테롤 등이다. 종종 사극을 보면 독도 잘 쓰면 약이 된다고 말하는 장면이 나오는데, 이것이 바로 호메시스 효과를 이야기하는 것이다. 그래서 독약인 비소를 약으로 사용하는 경우도 있는 것이다.

사람이나 많은 생물들은 오랜 세월 동안 자연 방사선에 노출되어 생활해왔다. 따라서 소량의 방사선이 이로울 수 있다는 주장을 엉터리라고 치부할 수만은 없을 것 같다. 방사선의 호메시스 효과를 주장하는 측은 소량의 방사선이 세포 활성을 촉진시켜 준다고 이야기한다. 물론 이러한 주장('모든 주장'이라고 해도 성립한다.)에는 근거가 필요하다. 따라서 과연 효과가 있는지, 효과가 있다면 과연 어느 정도인지 명확하게 밝힐 필요가 있다. 1~2시간 정도 라돈탕에서 온천욕을 즐기는 것이 과연 건강에 나은지 또는 발암 물질이 체내로 들어와 해가 되는지는 정확한 조사를 하기 전까지 어느 쪽도 확신하기 어려울 것 같다.

우라늄의 두 얼굴, 핵폭탄과 원자력 에너지

우리는 흔히 핵폭탄을 가지면 아무도 건드리지 못하는 국가가 되리라고 착각한다. 하지만 역사적으로 볼 때 핵폭탄이 전세(戰勢)에 영향을 준 적은 한 번도 없었다. 2차 대전에 핵폭탄이 투하될 당시 일본은 이미 전세가 기울고 있었고 핵폭탄은 단지 전쟁의 종결을 앞당겼을 뿐이다. 핵폭탄 사용을 찬성한 측에서는 미군의 피해를 줄이기 위한 것이었다고 주장하였다. 하지만 사실은 엄청난 예산을 투입해 만든 결과물의 위력을 확인하고 싶었기 때문이다.

▲ 2차 세계 대전 때 나가사키에 떨어트린 핵폭탄 팻맨(Fatman)

핵폭탄의 위력을 본 나라들은 경쟁적으로 핵폭탄을 보유하게 되었다. 그 후, 아이러니하게도 2차 대전을 제외하면 핵폭탄 보유가 전쟁의 승패에 영향을 준 적은 없었다. 미국은 핵폭탄을 지닌 나라지만 베트남 전쟁에서 패했다. 소련은 아프가니스탄에서, 프랑스도 알제리에서 핵폭탄이 있었지만 사용하지 않고 고스란히 피해를 입었다. 한국 전쟁에서도 중국의 모택동은 미국이 가진 핵폭탄을 비웃기라도 하듯이 거침없이 공격을 해왔다. 이집트와 시리아는 이스라엘이 핵폭탄을 가지고 있는지 알면서도 공격했다. 미국을 제외하면 핵무기를 보유한 나라 중 어느 나라도 핵무기를 사용한 적은 없다.

이처럼 핵폭탄 보유국들이 정작 전쟁에서 핵폭탄의 사용을 주저하는 이유는 폭탄의 위력과 정치적인 의미를 잘 알고 있기 때문이다. 이에 반해 북한은 지금도 핵무기 보유국가로 인정받기 위해 끊임없이 핵실험을

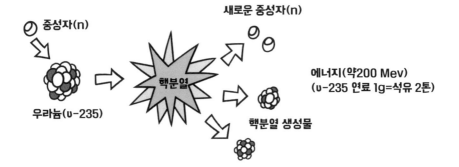

하고 있다. 북한의 지도자 김정은의 핵 개발을 억제시키기 위해 세계는 끊임없이 북한에 압력을 가하고 있다. 비이성적인 국가로 취급되는 북한이 핵무기를 가졌을 때 어떤 상황이 초래될지 모두 잘 알고 있기 때문이다. 그러나 북한은 오히려 그러한 이미지를 이용해 핵의 공포를 정치적으로 더욱 확산시키고 있다.

이처럼 핵은 무기로서 인류의 미래에 어두운 그림자를 드리워주었지만, 한편으로는 원자력 발전으로 인류에게 에너지로 쓰이기도 한다. 원자력의 막대한 힘은 핵분열이라는 현상과 관계가 있다.

자연에 존재하는 우라늄에는 ^{235}U와 ^{238}U의 두 가지가 있다. ^{235}U는 반감기가 7억 1천만 년이고, ^{238}U은 이보다 조금 안정되어 반감기가 45억 1천만 년이다. 핵폭탄에는 ^{235}U를 사용하는데 조금만 자극해도 쉽게 붕괴되기 때문이다. ^{235}U는 붕괴되면서 평균 2.5개 정도의 중성자를 방출하는데 이 중성자가 다른 ^{235}U를 때리는 연속 반응에 의해 폭발하게 되는 것이다. 화학적으로 동일한 성질이지만 ^{238}U은 오히려 반응을 둔화시키기 때문에 폭탄의 재료로 사용되지 않는다. ^{235}U는 많이 모여 있으면 자발적으로 폭발해버리므로 폭탄이 되지만 적당량을 조절하면 계속적인 에너지를 얻어낼 수 있다.

이렇게 핵폭탄과 원자력 발전의 원리가 동일하다. 때문에 혹시 원자력 발전소가 혹시 폭발하지 않을까 우려할 수도 있지만 발전소에서 사용하는 ^{235}U 양으로는 절대 폭발을 일으키지 않는다.

뜨거운 감자, 핵에 대한 우리의 자세

원자력 발전소가 안전한 편이라고 해도 문제가 없지는 않다. 1956년 영국 셀라필드의 콜더 홀 원자력 발전소에서 최초의 상업발전을 시작한 이래로 크고 작은 사고가 끊임없이 일어났다.

널리 알려진 첫 번째 사고는 1979년 미국 펜실베이니아 스리마일 섬에 있는 원자력 발전소에서 일어났다. 원자력 발전소의 원자로에서 노심이 녹아내리는 사고, 멜트다운meltdown이 일어난 것이다. 원자로 내부가 녹아내렸지만 다행스럽게도 마지막 다섯 번째 방호벽이 뚫리지 않아 대형 참사는 면했다. 하지만 1986년 체르노빌에서는 그렇지 못했다. 격납 용기가 없었던 체르노빌의 원자력 발전소에서 멜트다운이 일어나 많은 양의 방사능이 누출되어버린 것이다. 체르노빌의 원전 사고로 수년간 방사능에 피폭된 사망자가 많이 나왔고, 수많은 사람들이 방사능 치료를 받아야 했다.

2011년에는 21세기 최악의 원자력 사고로 일컬어지는 일본 후쿠시마 원전 사고가 일어났다. 이 사고가 충격적인 것은 지진이나 원자력 사고에 대해 어떤 나라보다 완벽하게 대비했다고 자부하던 일본에서 발생했기 때문이다. 재난에 꾸준히 대비했던 일본조차 많은 사상자를 발생시키며 허둥대는 모습을 보였다. 결국 원자로에서 노심이 용융되는 최악의 상황에 이르렀고, 아직까지도 방사능 물질이 유출되고 있다.

원자력 발전 사고가 이어지고 있지만 1979년 이후 원자로를 건설하지 않았던 미국이 얼마 전 새로운 원전 건설 계획을 발표했다. 또한 환경에 대해 민감한 유럽까지 다시 원자력 발전에 눈을 돌리고 있다. 현재로서는 이산화탄소를 줄이기 위해 화력 발전을 대체할 방안으로 원자력 발전밖에 없기 때문이다.

우리나라의 경우 이미 24기의 원자력 발전소가 가동되고 있고, UAE에 원자력 발전소의 건설을 수주까지 하고 있는 세계적인 원자력 강국이다. 그러나 원자력에 대한 국민들의 불신이 커서 원전 수거물 관리센터(방폐장)의 건설이 20년 가까이 표류하다가 가까스로 경주에 중저준위방사성폐기물 처분시설이 들어섰다. 1986년에 시작되어 2005년에 경주로 지역이 결정되기까지 주민과 정부 사이에 끊임없는 불신과 반대, 강행이 반복되며 많은 상처를 남겼다.

이번 사태에 대해 일차적인 책임을 따진다면 정부에 있을 것이다. 정부는 주민을 믿지 못하고 진실을 속이거나 감추기에 급급한 모습만 보여줬기 때문이다. 이러한 정부의 행태를 보고 주민들이 불신하게 된 것은 너무 당연한 결과이다. 하지만 원자력 발전소가 사라지지 않는 한 원자력 발전소의 폐기물을 처리할 시설이 필요하다는 것도 당연한 일이다. 따라서 대안 없이 방사성 폐기물 처분시설의 건설을 무조건 반대만 하는 것도 옳지 않다.

원자력은 항상 논란을 일으킨다. 한편에서는 원자력 발전소가 경제성이 뛰어나다고 주장하지만, 이를 반대하는 입장에서는 석탄 화력 발전소에 비해 발전 단가가 더 비싸다고 주장한다. 원자력이 위험하다고 말하지만 화력 발전소에서 발생한 이산화탄소와 미세먼지 역시 우리의 건강을 위협한다. 분명한 것은 원자력 발전소의 안전성은 아무리 강조되어도 지나치지 않다는 점이다. 또한 국민의 안전을 단지 확률적으로 판단할 수는 없다는 것이다.

그렇다고 무조건 원자력 발전소의 건설을 반대하는 것이 옳지는 않다. 원자력 발전은 경제성만으로는 해결할 수 없는 복잡한 문제가 얽혀 있다. 경제성만이 아니라 에너지 안보와 같은 정치와 외교, 과학 연구 등 다양한 문제에 걸려 있다. 지금의 원자로보다 더욱 안전하고 경제성이 뛰어난 4세대 원자로가 등장한다고 해서 이 모든 문제가 해결되지는 않을 것이다. 하지만, 원자력과 관련된 것은 무엇도 허용할 수 없다는 입장도 옳은 자세는 아닐 것이다. 원자력은 후세들의 안전을 위한 최선의 선택이 아니라 차악의 선택임을 염두에 두어야 할 것이다. 또한 원자력과 방사선을 묶어서 생각하는 것도 곤란하다. 우리는 이미 방사선 없이는 현대 생활을 유지하기 어려울 정도로 다양한 방면에서 활용하고 있다. 농업이나 산업뿐만 아니라 의료나 과학 연구, 심지어 테러 방지에도 활용하고 있다.

세상의 모든 물질은 원자로 구성되었고, 원자는 원자핵과 전자로 이루어져 있습니다. 전자는 원소의 화학적인 성질을 결정하며 화학 결합에 관여합니다. 원자핵은 양성자와 중성자로 구성되어 있으며, 매우 좁은 지역에 모여 있습니다. 양성자는 (+) 전하를 가지고 있기 때문에 서로 밀치는 정전기적 반발력이 있습니다. 따라서 핵을 강하게 묶어주려면 핵에는 이들을 붙잡고 있는 핵력이라는 힘이 있어야 합니다.

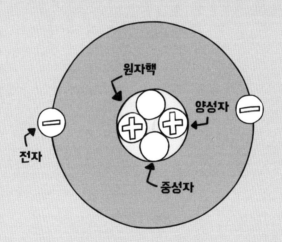

양성자 수가 많아지면 전기적인 반발력이 커지면서 핵력이 핵자들을 붙잡고 있기 어려워집니다. 이렇게 되면 원자는 붕괴하여 안정된 상태의 원소로 바뀝니다. 이렇게 핵분열을 하면서 많은 양의 위치에너지를 방출하는데, 우라늄의 경우 질량의 0.1% 정도가 에너지로 바뀝니다. 이렇게 방출되는 에너지는 화학 반응 시 방출되는 에너지의 약 1000만 배쯤 됩니다.

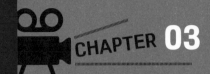

CHAPTER **03**

인간은
왜 이리 우주에
관심이 많을까?

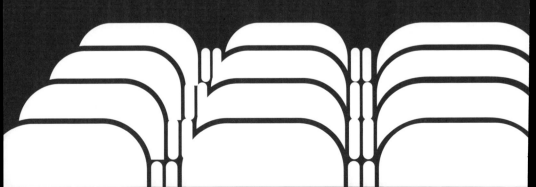

영화, 거대한 은하계 속
지구와 인간을 그려내다

"Space: The final frontier(우주: 마지막으로 개척해야 할 곳)."

영화나 TV 시리즈 <스타트랙(Star Trek)>의 오프닝 멘트에 항상 등장하는 대사다. <스타트랙> 시리즈에서는 우주를 탐험하고 있지만 아직 지구 곳곳에도 인간의 손길이 닿지 않은 곳이 많다. 그런데도 인류는 유인원에서 갈라져 나온 지 200만 년, 문명을 건설한 지 1만년 만에 우주로 진출하기 시작했다.

어쩌면 인류가 지구를 정복했다고 보고 우주로 나아가는 것이 시기상조일 수도 있다. 지구를 정복했다고는 하지만 그건 우리 기준일 뿐이고 아직까지 우리는 곤충이나 기생충 등과 치열하게 생존경쟁을 벌이고 있기 때문이다. 우주를 향해 나아가는 것 자체가 마치 지구는 이미 속속들이 알았다는 인상을 심어주지만 사실 땅속과 바닷속도 여전히 미지의 세계라고 할 정도로 인류에게 알려진 바가 없다. 그런데도 왜 인류는 유독 우주를 향해 엄청난 호기심을 보이는 걸까?

예로부터 하늘은 인간에게 경외의 대상이요, 두려운 존재가 사는 곳이었다. 하지만 뉴턴은 만유인력의 법칙을 통해 지상을 지배하는 힘이나 천상을 지배하는 힘이 같다는 것을 알아냈다. 그래서 그는 자신의 법칙에 '만유(우주에 존재하는 모든 것)'라는 단어를 사용했다. 천상계와 지상계가 다르지 않다면 더 이상 하늘은 인간이 넘볼 수 없는 영역이 아니다. 그 결과, 인간은 달을 탐험했고, 태양계 밖으로 우주선을 보냈다.

모든 인류가 품은 최대 궁금증은 바로 다른 행성에도 생명체가 존재하느냐이다. 과연 문명을 가진 지적인 외계 생명체가 존재할까? 그들은 어떻게 생겼을까? 아직 아무것도 밝혀진 것이 없으며, 누구도 그에 대한 대답을 하지 못한다. 단지 우리는 '우리만 살기에는 우주가 너무 넓다'는 말처럼, 아직 알지 못하는 장소에 무언가가 존재할 거라는 희망을 품고 탐험을 떠날 뿐이다. 물론 영화에서처럼 그 문명이 파괴적이라면 희망이 아닌 비극이 되겠지만 말이다. 그렇지 않을 것이라는 믿음으로 전 세계에 있는 많은 망원경들이 하늘을 관측하고 신호를 보내고 있다.

:01

초인과 영웅을
꿈꾸는 사람들

영화 <슈퍼맨>

"나는 운명과 맞붙어 싸울 것이다.
운명은 결코 나를 굴복시킬 수 없을 것이다."

- 베토벤

베토벤의 '교향곡 제3번 E플랫장조 작품 55 영웅Symphony no.3 in E flat major, op.55 Eroica'은 클래식의 문외한인 사람들에게도 널리 알려진 곡이다. 베토벤은 원래 이 곡을 보나파르트 나폴레옹을 생각하며 작곡했다. 그래서 베토벤의 교향곡 표지에 보면 '보나파르트라는 제목의 위대한 교향곡'이라는 제목이 붙어 있었다.

프랑스 공화국을 세운 나폴레옹은 베토벤에게 영웅이나 마찬가지였다. 하지만 권력에 맛을 들인 나폴레옹은 스스로 황제에 오르게 된다. 이에 실망한 베토벤은 보나파르트라는 이름이 있는 표지를 찢어버렸다. 남아 있는 베토벤의 자필 교정 악보를 보면 보나파르트의 이름을 긁어 지운 흔적이 있어 그가 나폴레옹에게 실망했음을 알 수 있다. 그래도 베토벤은 교향곡 3번을 매우 아꼈는데, 모차르트나 하이든 같은 선배 작곡가들과 다른, 새로운 스타일의 출발을 알리는 기념비적인 작품이었기 때문이다. 흥미롭게도 1809년 베토벤은 이 곡을 나폴레옹이 참석한 빈의 콘서트에서 직접 지휘했다. 이러한 것을 보면 베토벤이 나폴레옹에 대해 완전히 실망하지는 않았는지도 모른다. 분명한 것은 이 곡에 어울리는 진정한 영웅은 나폴레옹이 아니라 청력 상실이라는 장애에도 굴하지 않고 악성의 반열에 오른 베토벤이라는 것이다.

예술이나 현실, 영화 속에서 우리는 영웅을 꿈꾼다. '슈퍼맨'과 같이 엄청난 초인이 등장하기를 항상 고대하고 있는지도 모른다. 그렇다면 현실적으로 그리고 과학적으로 초인, 슈퍼맨의 등장은 과연 가능할까?

니체가 사랑한 슈퍼맨

어느 시대나 영웅을 찾고 그들을 숭배하는 이들이 존재했다. 고대 그
리스에서는 헤라클레스가 있었고, 이아손과 아르고스의 영웅들이 있었
다. 중세 시대에는 아서왕과 원탁의 기사들이 있었다. 신화와 역사를 뒤
져보면 영웅담이 등장하지 않는 곳이 없을 만큼 동서고금을 막론하고 영
웅에 대한 찬미는 끊이지 않는다. 난세가 영웅을 만든다는 이야기처럼
어려운 시대에서 민초들이 기댈 곳은 자신을 구원해줄 영웅밖에 없었다.
그래서 어느 시대든 영웅담은 항상 사람들에게 인기가 있다.

영웅 이야기를 할 때 빼놓을 수 없는 인물이 프리드리히 니체다. 니체는 열렬히 영웅을 숭배한 철학자로 알려져 있다. 그는 저서《자라투스트라는 이렇게 말했다Also sprach Zarathustra, 1883》에서 초인에 대해 이야기한다. 니체는 분명 철학자였고, 그의 책도 철학서이지만 이 책은 문학서로 구분될 만큼 문장이 아름답다. 그래서 한 편의 서사시로 불리기도 한다. 이 책에서 니체가 말한 위버멘쉬Übermensch는 한문으로는 '超人초인'이라고 하고, 영어로는 '슈퍼맨superman'이나 '오버맨Overman', '울트라맨Ultraman' 등으로 번역된다. 슈퍼맨이나 울트라맨은 영화나 애니메이션의 주인공 이름이기도 하지만 니체가 사용한 위버멘쉬의 의

▲ 니체

▲ 《차라투스투라는 이렇게 말했다》 초판 표지

미는 단순히 인간보다 힘이 센 사람을 뜻하지는 않는다.

니체가 주장한 위버멘쉬는 인류가 자신을 뛰어넘은 이상적인 존재다. 그의 책에서 자라투스트라가 바로 그러한 인물이었다. 하지만 당시 독일

은 나치가 득세하는 곳이었다. 니체가 갈망하던 영웅주의 사상이 세상에 바람직한 결과를 낳은 것은 아니다. 19세기에 시작된 영웅에 대한 갈망은 독일 나치주의의 이론적 기반이 되었다. 이로써 독재자들이 출현하는 계기를 마련했기 때문이다. 니체는 보통 사람을 뛰어넘는 초인이 등장해 다른 사람들을 이끈다고 생각한 사회주의 사상가였다. 초인이 모든 것을 이끄는 사회는 독재자 히틀러가 통치하는 독일 제국과 잘 맞아떨어졌다. 독일 나치주의자들은 니체 사상을 일부만 편집해 통치에 이용했다.

니체의 사상과 함께 사회다윈주의Social Darwinism로 불리는 이념이 서구 사회에 유행처럼 번지고 있었다. 사회다윈주의는 영국의 사회학자 하버드 스펜스가 주장한 것으로 영국이나 독일처럼 제국주의를 바탕으로 세계로 뻗어 나가려는 국가들의 이념과 잘 맞았다. 스펜스는 다윈의 진화론을 사회에 적용시켜 '적자생존'의 원리를 주장했다. 즉 강한 국가가 약한 국가를 지배하는 것은 자연에서 강한 생물이 살아남는 것처럼 당연하다는 논리다.

다윈은 진화론에서 사회다윈주의를 주장하지 않았지만 그의 이론은 철학에서 정치, 예술에 이르기까지 다양한 방면에 적용되기에 이르렀다. 그리고 '자연선택의 원리'가 잘못 적용된 사회다윈주의의 경우는 미개한 민족이나 장애인, 범죄자들의 인권을 탄압하는 논리적 근거로 쓰였다. 마찬가지로 나치의 유대인 학살에도 이러한 사상적 배경이 깔려 있다.

인간이 꿈꾼 위대한 초인의 정체는 외계인?

니체의 사상은 20세기에 접어들며 새로운 형태의 초인을 탄생시키는 데 영향을 준다. 바로《슈퍼맨Superman, 1938》을 비롯한 미국 만화의 양대 산맥인 DC와 마블에서 탄생한 수많은 영웅들이다. 슈퍼맨은 크립톤 Krypton 행성에서 온 '외계인'이다. 하지만 하늘에서 내려온 신에 가까운 인물이다. 단지 구름이나 천마가 끄는 마차가 아닌 소형 우주선을 타고 왔을 뿐 인간과 비교하면 신적인 존재에 가깝다. 마블에서는 천둥의 신 '토르'가 나와 현실에서 인류를 구해낸다. 다시 말해 신화 속에 등장하는 인물들이 과학의 옷을 입고 현대적으로 탄생한 것이 만화, 영화 속의 영웅들인 것이다. 그들 중 대표적인 영웅이 바로 슈퍼맨이다.

슈퍼맨의 아버지인 조 엘은 크립톤의 과학위원회에 행성이 곧 폭발할 것이라고 경고하지만 그의 주장은 받아들여지지 않는다. 크립톤 행성이 파괴되기 직전에 조 엘은 작은 우주선에 아들 칼 엘과 크립톤 행성의 뛰어난 과학지식을 함께 담아 지구로 보낸다. 지구의 캔자스에 떨어진 슈퍼맨은 클라크 부부에게 입양되어 클라크 켄트라는 이름으로 살아간다. 지구에서 자랐다고 하지만 클라크의 능력은 숨길 수 없었다. 결국 양부모는 클라크가 자신의 집으로 오게 된 비밀을 이야기한다. 그리고 클라크는 자신의 정체를 알기 위해 여행을 떠난다.

슈퍼맨이 북쪽으로 향하다 자신이 지구로 올 때 함께 있었다는 수정을 던지자 마치 수정 궁전과 같은 비밀 기지가 솟아오른다. 뛰어난 기술은 마법처럼 보인다는 말이 실감나는 장면이다. 이 장면은 옛날부터 수정에 신비로운 힘이 있다는 믿음을 그대로 투영시킨 것이다. 게다가 수정을 구성하는 실리콘은 현대 디지털 문명에서 가장 중요한 역할을 한 반도체의 재료다. 그러니 슈퍼맨의 수정기지에 다양한 정보가 저장되어 있다는 판타지적 설정에 과학적 근거가 전혀 없는 것은 아니다. 그러나 이제 슈퍼맨에 관한 과학적 근거 찾기도 여기서 막을 내려야 할 만큼, 이후 그가 보이는 능력은 가히 신적이다.

먼저 그의 비행을 살펴보자. 비록 신화나 전설에도 나왔으나 날 수 있는 건 엄청난 능력이다. 게다가 슈퍼맨이 하늘을 나는 방식은 신이나 마법사들과 다르다. 천사들은 날개가 있고, 마녀들은 빗자루를 탔으며, 손오공은 구름을 타고 날았다. 하지만 슈퍼맨은 그 어떤 것에도 의존하지 않고 언제든 자유롭게 하늘을 난다.

슈퍼맨의 나는 모습은 지금까지 알고 있는 어떤 비행 원리도 따르지 않는다. 슈퍼맨과 같은 초인이 있다면 그렇게 나는 것이 무슨 문제냐고 할지 모른다. 하지만 그가 아주 뛰어난 능력을 지닌 존재여도 그 역시 우주에 존재하는 물질로 만들어졌을 뿐이다. 따라서 우리 주변의 다른 물체들처럼 역학 법칙에 따라 운동해야 한다.

헐크가 엄청난 힘으로 수백 미터씩 뛰어오르는 것은 역학 법칙에 어긋나지 않지만 슈퍼맨의 비행은 어긋난다. 그 이유는 바로 작용-반작용

법칙 때문이다. 뉴턴의 운동 제 3법칙인 작용-반작용 법칙에 따르면 힘은 항상 두 물체 사이에 상호 작용한다. 즉 작용만 있을 수는 없다는 얘기다. 우주 공간에 홀로 낙오된 우주인이 다른 곳으로 움직이지 못하는 것도 힘을 작용할 수 없기 때문이다. 우리가 앞으로 걸어갈 수 있는 것은 발로 땅을 밀면(작용) 땅이 발을 밀어(반작용) 앞으로 나가게 되기 때문이다. 하지만 슈퍼맨은 땅을 발로 미는 것도 아니며 우주 공간에서도 자유롭게 방향을 바꾸며 날 수 있다. 이것은 슈퍼맨의 능력과 별개로, 물리 법칙을 위배하는 것이다.

상상과 과학의 갭, 슈퍼맨의 능력

그렇다고 슈퍼맨의 능력에 대해서 무조건 불가능한 것이라고 보는 것은 아니다. 슈퍼맨처럼 날지는 못해도 공학적인 방법을 이용해 날 수는 있다. 젯트팩을 등에 메고 날거나 윙슈트를 입고도 날 수 있다. 젯트팩은 휴대용 로켓이며, 윙슈트는 날개가 달린 옷이므로 이러한 방법은 역학법칙을 어기지 않기 때문에 당연히 가능하다.

슈퍼맨의 놀라운 능력은 이뿐만이 아니다. 슈퍼맨은 자신이 사랑하는 여인이 땅 속에 묻혀 죽자 지구를 거꾸로 돌려 시간을 거슬러 올라간다. 물론 지구의 자전 방향이 바뀐다고 해서 시간이 거꾸로 흘러가게 되지는 않는다. 지구의 자전 방향은 단지 해시계의 그림자 방향만 바꿀 수 있을 뿐이며 시간의 흐름과는 아무런 상관이 없다. 만일 자전 방향이 반대인 행성에 있는 어떤 발명가가 시계를 만들었다면 그의 시계는 아마도 우리의 시계와 바늘 회전방향만 반대일 것이다. 시계 바늘의 회전 방향이 반대로 된다고 해서 시간이 거꾸로 흐르지는 않는다. 물론 그것을 논하기도 전에 지구에는 엄청난 대혼란이 올 것이다. 사실 한 명을 살리자고 지구 전체가 멸망할 수 있는 일을 슈퍼맨이 아무런 생각 없이 했다고 보는 것이 맞다.

또한 슈퍼맨이 지구를 거꾸로 돌리는 장면에서 그는 1초에 7바퀴 반 이상 지구를 돈다. 7바퀴 반은 물리 법칙이 금하고 있는 영역이다. 바로 빛의 속력이다. 빛의 속력은 초속 30만 킬로미터로 1초에 지구를 7바퀴 반을 돌 수 있다. 우주에 있는 어떤 물체도 빛보다 더 빨리 움직일 수는 없다. 만일 슈퍼맨이 빛보다 빨리 움직인다면 과거로 날아갈 수 있으니 굳이 지구를 거꾸로 돌리지 않아도 로이스 레인을 구할 수 있을 것이다.

여하튼 여러 가지 능력만 보면 슈퍼맨은 니체가 바라는 가장 완벽한 초인처럼 보일지도 모른다. 하지만 고뇌하는 슈퍼맨의 모습은 여러모로 지구인과 비슷하다. 사랑하는 여인을 구하기 위해 동분서주하고 스스로의 존재에 대해 고민하기 때문이다. 영화와 만화 속 슈퍼맨의 흥행과 폭발적인 인기는 아마 니체의 기준에는 다소 부족해 보여도, 여전히 위대한 영웅을 바라는 사람들의 마음에서 비롯된 것이 아닐까?

과거에는 영웅과 악당의 구분이 분명했다. 영웅의 이야기의 교훈은

권선징악이었다. 하지만 오늘날에는 영웅과 악당의 구분이 모호한 세상이 되었다. 스파이더맨에 나오는 유명한 대사, "큰 힘에는 큰 책임이 뒤따른다."와 같이 왜 큰 힘이 필요한지부터 고민해야 할 것이다.

사이언스 토크

물리학에서는 물체에 힘을 작용해 힘의 방향으로 물체를 이동시켰을 때 '일을 했다'고 표현합니다. 물체에 일을 해주게 되면 물체는 속력의 변화가 생깁니다. 즉 운동에너지가 증가합니다. 이때 물체가 증가한 운동에너지의 양은 물체가 받은 일의 양과 같습니다. 일을 해준 만큼 운동에너지가 증가한다는 것이지요. 이것을 일·운동에너지 정리라고 부릅니다.

마찬가지로 물체를 높이 들어 올리려면 중력에 대해 일을 해줘야 합니다. 물체를 들어 올리는 일을 해준 만큼 중력에 의한 물체의 위치에너지가 증가합니다. 운동에너지와 위치에너지가 증가한 물체는 그만큼 더 많은 일을 할 능력을 지닌 셈입니다. 물리학에서 본 세상은 공짜가 없다는 것을 말해줍니다. 일을 해준 만큼 에너지가 증가하고 에너지가 있어야 일을 할 수 있다는 것이지요.

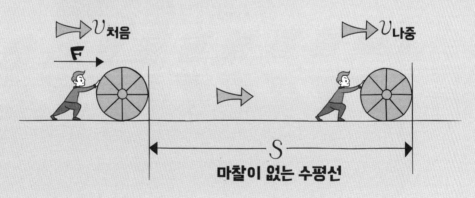

:02
인간은 과연 만물의
척도일까?

영화 **<혹성탈출>**

인간은 만물의 척도이다.

- 프로타고라스

고대 그리스의 철학자 프로타고라스는 진리를 측정하는 객관적인 기준이 없다는 상대주의를 주장했다. 프로타고라스 이전에는 절대적인 진리가 존재한다고 여겼다. 하지만 프로타고라스와 같은 소피스트(원래 '지혜로운 자'라는 뜻이지만 궤변을 일삼아 궤변론자라고도 불린다.)는 진리는 보는 사람에 따라 달라질 수 있으니 상대적이라고 주장했다. 그 핵심적인 개념이 바로 '인간은 만물의 척도다'라는 명제다.

상대적이라는 말을 열역학에서 온도의 개념을 설명할 때 드는 예로 살펴보자. 40℃의 물에 손을 넣고 있던 사람이 20℃인 물에 손을 넣으면 차다고 느끼겠지만, 0℃의 물에 손을 넣고 있던 사람에게는 20℃의 물이 따뜻하게 느껴질 것이다. 이 실험은 인간의 감각은 주관적이기 때문에 인간의 온도 감각을 과학에서 객관적인 척도로 사용할 수 없음을 보여준다. 이 예처럼 사람에 따라 다르게 인식되는 것이 진리라면 객관적인 진리는 존재하지 않는다는 것이 상대주의다.

프로타고라스는 철학의 관심을 자연에서 인간으로 옮겨 놓았다. 그의 뒤를 이어 소크라테스가 자연과 인간을 포함해 보편적 진리를 탐구하려고 했다. 이후 오랜 세월 동안 서양의 문화에서 인간은 신의 모습으로 창조된 존재라는 특별한 지위에서 내려온 적이 없었다. 인간은 바로 동물과 신을 잇는 중간에 위치해 동물과는 엄연히 다른 존재였던 것이다. 그러한 인간의 자존심을 산산이 깨버린 것이 바로 다윈의 진화론이었다.

원숭이 행성의 반전

〈혹성탈출Planet Of The Apes, 1968〉의 원래 영화 제목은 '유인원 행성'이
다. 하지만 이것이 국내에 들어오면서 '혹성탈출'이란 이름을 달고 나왔
다. 그 바람에 영화의 내용과도 거리가 있고, 과학적으로도 틀린 제목이
되어 버렸다. 즉 '혹성惑星'은 '행성行星'을 일본식으로 잘못 표기한 말로 '행
성' 즉 '떠돌이 별'이라고 불러야 옳다. 하지만 〈혹성탈출〉이라는 제목이

관객들에게 널리 알려진 관계로 2001년 팀 버튼 감독의 리메이크 작품이 개봉될 때에도 여전히 이 제목이 사용되었다. 오늘날에는 이렇게 번역해 제목을 붙인다면 네티즌들이 엄청나게 지적하겠지만 당시만 해도 영화 관계자들은 이런 오류를 따지거나 하지 않았다. 〈혹성탈출〉은 동명의 소설을 영화로 만든 작품으로 개봉 당시 충격적인 결말로 많은 관심을 끌었다.

서기 2673년, 테일러 일행을 태운 우주선이 우주로 날아간다. 우주에서 1년 6개월을 비행한 우주선은 어느 행성의 바다에 불시착한다. 행성에 착륙할 때 사고를 당해 승무원 한 명은 해골이 되어 버렸고 나머지 우주인들이 우주선 밖으로 빠져나오자 우주선은 물속으로 가라앉아 버린다. 고장 난 캡슐 속의 승무원이 해골이 된 이유는 우주선 안의 시간으로 1년 6개월이지만 지구에서는 이미 2천 년이라는 시간이 지났기 때문이다. 선장과 승무원 세 명은 자신들이 불시착한 이곳이 지구에서 320광년 떨어진 어떤 행성일 것이라고 짐작한다.

불시착한 행성을 탐험하던 일행은 인간을 발견하고 반가워하지만 이내 그들을 사냥하는 무리들에게 잡힌다. 놀라운 것은 인간을 사냥하는 이들이 바로 유인원이라는 것이다. 고릴라나 침팬지 같은 유인원들이 말을 타고 다니며 인간을 사냥하고 있었다. 사냥 과정에서 동료들은 죽고 테일러는 목에 부상을 입고 다른 인간들과 함께 사로잡혀 우리에 갇힌다. 그곳에서 테일러는 인간을 연구하는 유인원 지라 박사에 의해 특별

취급을 받는다. 그가 다른 원시적인 인간에 비해 뛰어난 지능을 가졌기

때문이다. 결국 테일러는 감옥을 탈출해 충격적인 사실을 접하고 절규하

는 장면으로 1편의 막이 내린다. 이 마지막 장면은 영화사에 길이 남을

만큼 충격적인 결말로 평가받는다.

진화론의 논쟁은 여전히 진행 중 👽

〈혹성탈출〉처럼 인간과 원숭이의 지위가 바뀌는 일은 가능할까? 최

근에 새로 제작된 〈혹성탈출〉 시리즈에서는 이를 좀 더 과학적으로 그려

낸다. 더 과학적이기는 하지만 그것이 현실에서 벌어질 수 있다는 의미

는 아니다. 기본적으로 원숭이와 인간의 지위가 2천년 만에 바뀔 가능성

은 없다. 그건 유인원이 인간과 아무리 닮았다고 하더라도 말이다.

인간과 유인원은 300만 년 전에 갈라져 나왔고 단순히 자연적인 진화만 일어날 경우, 그 정도의 시간 동안에 겨우(?) 이 정도의 차이가 벌어졌다. 이에 비하면 2천 년은 너무 짧은 시간인 셈이다. 게다가 여러 진화의 증거가 있기는 하지만 여전히 진화론은 창조론과 논쟁 중이며, 이 영화의 소재도 인간과 원숭이의 관계에서만 따온 것이다.

이 영화 속 인간과 원숭이의 관계는 사실 다윈의 진화론이 등장했을 때 사람들이 가진 오해와 관련이 깊다. 다윈의 책《종의 기원》을 읽어 보면 그 어디에도 인간의 조상이 원숭이라는 대목이 나오지 않는다. 이는 다윈이 논쟁을 싫어하는 성격이어서 교회와의 논란을 피하기 위한 것이었다. 하지만 그의 책은 출간되자마자 교회와 과학계에 많은 논쟁을 불러일으킨다. 논쟁의 이유는 다윈이 직접적으로 인간의 조상이 원숭이였다고 기술하지는 않았지만 그 책을 읽은 사람은 그러한 내용임을 쉽게 알 수 있었기 때문이다.

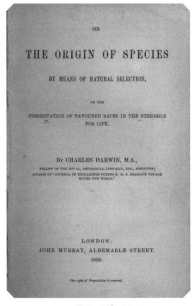

▲ 《종의 기원》 표지

▲ 1871년 당시 찰스 다윈을
원숭이에 빗대서 풍자한 영국의 신문 만평

다윈의 책이 출간되고 나서 1860년 영국 옥스퍼드 대학에서는 논쟁이 벌어졌다. 고의적으로 다윈에게 모욕을 주기 위해 윌버포스 주교는 "당신이 유인원의 자손이라면 당신의 할아버지 쪽이 유인원인지 할머니 쪽이 유인원인지 알려주시오."라고 물었다. 이 질문에 대답한 사람은 당시 다윈의 불독으로 불렸던 열렬한 다윈 지지자 토머스 헉슬리였다. 헉슬리는 "자신의 지위를 이용해 과학을 조롱하는 사람과 유인원 중에서 조상을 선택하라면 나는 유인원을 조상으로 선택하겠소."라고 대답해 멋지게 한 방을 먹였다.

논쟁의 서, 다윈은 어쩌다 《종의 기원》을 쓰게 되었을까?

헉슬리처럼 일부 과학자들은 다윈의 진화론을 지지했지만 종교계와 일반 시민들에게 이것은 매우 충격적인 이야기였다. 특히 다윈을 자신의 배인 비글호에 태우고 세계 곳곳을 다니며 다양한 경험을 쌓게 도와준

피츠로이 선장이 매우 괴로웠을 것이다. 그는 매우 충실한 기독교도였는데 자신이 다윈의 진화론 탄생에 일조한 것을 받아들일 수 없었는지 그만 자살하고 말았다. 이렇게 다윈의 진화론은 당시 사회에 큰 파란을 일으켰다.

1809년 영국의 슈루즈버리 출신인 찰스 다윈Charles Robert Darwin은 부유한 의사였던 로버트 워링 다윈과 도자기로 유명한 웨지우드 가문 출신인 수잔나 사이에서 태어났다. 어린 시절 다윈은 딱정벌레를 잡거나 조개껍질, 광물 등을 수집하는 걸 좋아하는 평범한 학생이었다. 사실 내성적이고 수줍음이 많았던 다윈은 학교에서는 '멍청한 아이'라는 평가를 받았다. 이러한 다윈을 격려하고 용기를 주었던 이는 그의 형 이래즈머스 다윈이었다. 다윈의 아버지는 형과 말벗이나 하며 같이 의사가 되기를 희망하여 다윈을 형과 같은 에든버러 의과대학에 보냈다. 하지만 다윈은 의대가 적성에 맞지 않았다. 의과대학의 성의 없는 강의도 문제였지만 그보다 낚시 미끼도 못 낄 만큼 겁이 많은 다윈에게 의료 환경은 너무 끔찍했기 때문이다. 그때는 수술할 때 마취도 하지 않는데 그 광경이 너무 충격적이었던 것이다.

의학에 관심이 없던 다윈은 식물학자인 헨슬로와 친하게 지냈고 그 덕분에 비글호에 탑승할 기회를 얻었다. 비글호를 타고 갈라파고스 군도를 비롯한 세계 곳곳을 여행하면서 남긴 기록이 바로《비글호 항해기》다. 지질학자로 먼저 이름을 알린 다윈은《비글호 항해기》로 영국 과학계의 유명인사가 된다.

항해를 하면서 얻은 자료를 바탕으로 다윈은 진화론에 대해 점점 확신을 갖지만 논란에 휘말리기 싫어서 진화론을 출간하지 않았다. 라마르크처럼 생물이 진화한다는 생각을 드러냈다가 조롱거리가 되기 싫었기 때문이다. 그러다가 다윈은 멀리 동남아시아에서 월리스라는 당시에는 별로 이름이 알려지지 않은 자연학자에게서 온 편지를 받고 깜짝 놀랐다. 월리스가 자신과 같은 생각을 하고 있었기 때문이다. 이에 다윈은 서둘러 원고를 정리해 월리스와 공동(월리스는 논문을 발표할 때 그 자리에 없었다.)으로 진화론에 대한 이론을 발표한다. 그리고《자연 선택에 의한 종의 기원, 혹은 생존 경쟁에서 유리한 종족의 보존에 대하여On the Origin of Species by Means of Natural Selection, or the Preservation of Favoured Races in the Struggle for Life》라는 긴 제목의《종의 기원》을 출간한다.

그렇다면 사람들이 다윈의 책에 민감하게 반응한 이유는 무엇일까? 성서에 따르면 인간은 하느님의 형상에 따라 창조된 특별한 피조물이다. 그런 인간이 한낱 유인원의 후손이라는 사실을 사람들은 받아들일 수 없었기 때문이다. 특별한 대상에서 동물로 지위가 떨어지는 상황이 되었으니 말이다. 이것은 코페르니쿠스에 의해 지구가 우주의 중심 자리를 박탈당한 것보다 더 큰 충격이었을 것이다. 코페르니쿠스의 주장은 이후 관측 결과로 그의 주장이 옳다는 것이 증명되었지만 진화론은 아직도 논쟁 중일만큼 여전히 사람들이 받아들이기를 꺼려한다. 진화에 대한 명확한 증거에도 불구하고 창조론자들은 자신의 생각을 결코 바꾸지 않고 있다. 하지만 오늘날의 생물학은 유전과 진화를 바탕으로 세워졌다고 할 정도로 진화론은 중요한 위치를 차지한다.

생물이 환경에 적응하면서 몸의 형태와 구조가 변하는 것을 진화라고 합니다. 대부분 진화는 오랜 시간에 걸쳐 일어나기 때문에 그것을 직접 관찰하기는 어렵습니다. 하지만 오래 전에 살았던 생물의 화석이나 생물의 해부학적인 구조를 비교해보면 진화가 일어났음을 알 수 있습니다. 또한 최근에는 DNA 분석 기술의 발달로 분자생물학적인 증거가 제시되는 등 진화는 확실한 과학이론으로 정립되었습니다.

진화를 설명하는 학설로는 다윈의 자연선택설을 비롯해 라마르크의 용불용설(사용하는 기관은 발달하고 사용하지 않는 기관은 퇴화한다는 이론)이나 더브리스의 돌연변이설, 로마네스와 바그너의 격리설(진화는 지리적, 생리적 격리에 의해 일어난다는 학설) 등이 있습니다. 라마르크의 용불용설은 획득형질이 유전되지 않는다는 점이 밝혀져 폐기되었습니다. 현대의 진화론은 격리가 일어난 후 돌연변이가 나타나면 자연선택에 의해 진화가 일어난다고 설명합니다.

:03

그저 두렵기만 한
미지의 존재들

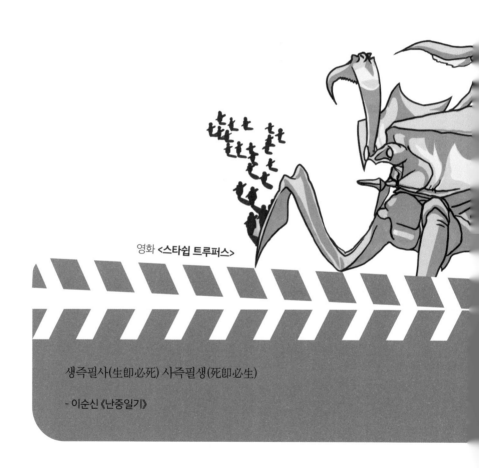

영화 <스타쉽 트루퍼스>

생즉필사(生卽必死) 사즉필생(死卽必生)

- 이순신 《난중일기》

호메로스의 《일리아드Iliad》와 같은 서사시에는 어김없이 영웅들이 등장한다. 고대 그리스 시대에는 도시를 수호하는 데 전쟁에서 적을 무찌르는 군인들이 반드시 필요했다. 당시 전투는 방패와 창을 들고 단검을 옆구리에 차고 전진하는 방식이었다. 적의 공격에서도 진영을 흐트리지 않으려면 용기가 필요했다. 때문에 용기는 그리스 남자들의 중요 덕목이었다. 이렇게 목숨을 걸고 스스로 전투에 참가하는 군인들에게는 정치에 참여할 수 있는 참정권이 주어졌다.

그리스 시대의 군인만이 용기가 덕목이었던 것은 아니다. 조선시대 명량해전을 앞둔 이순신 장군은 휘하의 수군을 모았다. 그들에게 용기를 북돋우고자 "죽고자 하는 자는 살 것이요, 살고자 하는 자는 죽을 것이다."란 말을 한다. 전쟁의 역사에 보기 드문 대승을 거둔 명량해전은 이순신 장군의 뛰어난 지략과 나라를 위해 목숨을 던진 장병들이 이룬 소중한 결과였다. 그들이 왜군과 목숨을 걸고 싸운 것은 어떤 대가를 바란 것은 아닐 것이다. 가족과 나라를 지키기 위해 싸우는 모습에 인간의 이타성을 엿볼 수 있다.

다른 동물에 비해 연약한 인류가 문명을 건설하고 지구상 가장 성공한 종으로 살아남게 된 것은 이렇게 타인을 위한 이타적인 행동이 중요했다. 개미나 벌 같이 군집생활을 하는 종들이 보이는 이타적 행동은 집단 전체에 큰 이득을 준다. 사실 용기가 중요 덕목이 된 이유는 도덕적인 측면만이 아니라 집단의 이익이 되기 때문도 있다. 단 한 마리의 정자를 난

자와 만나게 하려고 수많은 동료 정자가 희생된 것을 생각하면 이타적인 행동이 생존에 가장 중요한 것일지도 모른다.

지구 밖 세력은 모두 위험한 존재들일까?

〈스타쉽 트루퍼스Starship Troopers, 1997〉는 거대한 곤충이 지구를 공격한다는 내용의 SF 액션영화로, 1959년 로버트 A. 하인라인이 발표한 동명의 소설을 영화로 만든 것이다. 하이라인의 소설은 미래에 새로운 무기를 가지고 우주에서 적과 싸운다는 내용의 밀리터리 SF의 원조에 해당한다. 〈스타쉽 트루퍼스〉의 성공으로 이후 영화 〈에일리언Alien, 1979〉 시리즈와 PC게임 〈스타크래프트StarCraft, 1998〉, 애니메이션 〈기동전사 건담機動戰士ガンダム, 1979〉 등 많은 밀리터리 SF 작품들이 쏟아져 나왔다. 아쉽게도 〈건담〉을 제외하면 미성년자 관람불가여서 청소년 버전의 게임을 해야 한다.

사실 영화의 내용은 매우 단순하다. 〈스타크래프트〉의 테란과 저그 전투를 영화로 만든 것이라 해도 이상하지 않을 정도다. 지구인을 멸종시키려는 외계 행성의 거대 곤충과 운명을 건 전투가 벌어진다. 이 전투를 위해 군복무를 한 사람에게만 참정권이 주어진다. 군 복무가 국민의 기본 의무인 셈이다. 마치 2차 세계대전을 일으킨 독일 제국과 같은 군국주의 느낌이 물씬 풍긴다. 나치가 독일 국민들을 선동했듯이 TV에서는 연일 외계인과 용감하게 싸우는 군인들의 모습을 방송한다. 고대 그리스에서 수시로 벌어지는 전쟁에서 도시를 지키고자 군인에게 특권을 주고 의지했던 것처럼, 영화에서도 지구를 지키는 군인들에게 권리를 부여한다. 군 복무가 의무인 동시에 권리인 셈이다.

〈스타쉽 트루퍼스〉의 군인들에게서 군국주의 느낌이 나지만 영화를 보면 그 사실을 별로 인식하지 못하는 것도 눈여겨볼 부분이다. 지구를 침공하는 공동의 적인 거대 곤충 버그가 있어서다. 이에 대항하기 위해 단결해야 하는 상황에서는 그러한 점이 크게 부각되지 않는다. 버그의 공격으로 도시가 파괴되고, 가족이 몰살되는 상황에서 지구를 지켜내려면 누구나 군인이 되어야 한다. 괴물 같은 버그 앞에서도 겁먹지 않고 지구를 지켜낼 용기가 필요하다. 이를 위해 젊은이들의 참여를 독려하려고

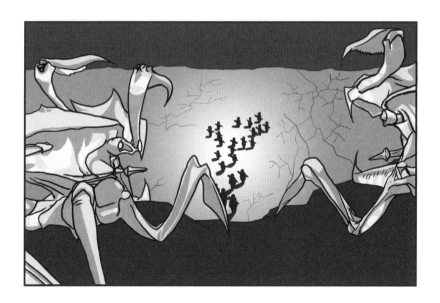

참정권을 주고 방송으로 피해 상황을 보여주는 것이다.

거대한 곤충이 지구를 공격한다면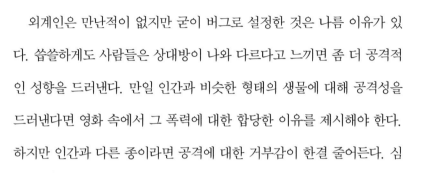

외계인은 만난적이 없지만 굳이 버그로 설정한 것은 나름 이유가 있다. 쓸쓸하게도 사람들은 상대방이 나와 다르다고 느끼면 좀 더 공격적인 성향을 드러낸다. 만일 인간과 비슷한 형태의 생물에 대해 공격성을 드러낸다면 영화 속에서 그 폭력에 대한 합당한 이유를 제시해야 한다. 하지만 인간과 다른 종이라면 공격에 대한 거부감이 한결 줄어든다. 심지어 게임이나 영화 속에 적으로 좀비가 많이 등장하는 것은 그들이 사람처럼 생겼지만 사람이 아니라는 설정 때문이다(좀비는 '걸어 다니는 시체'라고 불린다.).

물론 현실에서 사람은 같은 사람들에게도 공격성을 보이기도 했다. 역사를 돌이켜보면 사람끼리도 잔인한 학살은 수없이 등장했다. 2차 세계대전에서 나치 독일은 게르만 순수 혈통을 강조했다. 나치는 유대인과 같이 일부 인종은 핍박했고 그들을 수용소에 가두고 잔인하게 죽였다. 전쟁 상황이었다는 것을 고려하면 유대인 학살을 명령에 의한 어쩔 수 없는 복종으로 치부하기 쉽지만 진실은 꼭 그렇지만은 않다. 많은 군인들에게 작전에 참여하지 않을 수 있는 선택권이 있었지만 대부분 학살 동조를 선택했다. 심지어 민간인도 유대인 학살에 참여했다. 유대인 학살에서 그들은 죄책감을 느끼지 못한 행보를 보였는데, 그것은 유대인을 자신과 같은 하나의 인격체로 여긴 게 아니라 기꺼이 없애도 되는 존재로 여겼기 때문이다.

하물며 자신과 피부색이나 종교적 신념이 다르다는 이유로 사람들을 학살한 경우도 많이 있었다. IS(이슬람국가)와 같이 전 세계를 대상으로 테러를 가하는 집단도 그러한 예에 속한다. 그러니 인간과 전혀 모습이 다른 존재, 특히 대다수가 혐오스럽게 생각하는 벌레의 모습을 한 외계인이라니, 그들을 향한 공격은 말할 것도 없을 것이다. 외계 곤충을 향한 일말의 연민이나 동정심도 없이 관객들은 군인을 응원하게 되는 것이다. (실제로 해충으로 불리는 대부분의 곤충을 우리는 박멸의 대상으로 여긴다.) 이처럼 외계인을 버그로 그려낸 배경에서 인간 외의 종에 대한 우리의 배타적인 시각을 엿볼 수 있다. 설령 외계 생물의 모습이 우리와 다르고(아마 외계 생물은 우리가 아는 그 어떤 생물과도 다른 형태를 지니고 있을 것이다.), 비호감을 불러일으킨다 해도 우리를 공격할지, 우리에게 해로울지는 모르는 일이다.

마찬가지로, 지구 생물 중 곤충도 해충처럼 우리에게 해로운 곤충만 있는 것은 아니다. 벌이나 나비와 같이 인간에게 도움을 주는 익충도 존재한다(해충이나 익충은 과학적인 분류가 아니라 인위 분류에 속한다. 인간이 자신을 기준으로 세운 것뿐이다). 1억 3000년 전 속씨식물(밑씨가 씨방 속에 있는 식물로 복숭아나무나 백합 등이 여기에 속한다.)이 등장했을 때 곤충들은 꽃이 피는 식물들과 서로 협동작전을 펼쳤다. 그리고 속씨식물의 경쟁자인 겉씨식물 (밑씨가 씨방 밖으로 노출된 식물로 소나무나 잣나무 등이 여기에 속한다.)을 몰아내기 시작했다. 그런데 속씨식물과 곤충의 협동작전으로 겉씨식물이 몰려나가자 이것을 먹이로 하던 공룡들도 타격을 받았다. 이후 운석 충돌로 지구의 기후마저 급격히 떨어지자 공룡이 아예 멸종해버리게 된다. 그 뒤로 속씨식물과 곤충들의 협업은 더욱 발달했는데 3500만 년 전 꿀벌이 등장하면서 절정에 달한다.

꿀벌이 꽃가루를 효율적으로 운반하면서 더욱 다양한 충매화(곤충이 수분을 시켜주는 꽃)가 등장하게 된다. 인류가 이용하는 식량의 1/3을 꿀벌이 생산한다고 할 만큼 꿀벌의 역할은 절대적이다. 그러나 최근 꿀벌의 개체 수가 급격하게 줄어들고 있다. 꿀벌 감소의 원인으로 전염병이나 기후변화 등이 거론되고 있지만 확실하게 밝혀지지는 않았다. 이처럼 인간이 아닌 생물인 꿀벌이 인간의 생명을 유지하는 중요한 일꾼 역할을 해낸다.

〈스타크래프트〉에서 곤충 저그의 일꾼인 드론Drone은 요즘 무인항공기라는 단어로 쓰인다. 하지만 원래 드론은 벌이 붕붕거리는 소리를 뜻하는 단어다. 더 이상 벌의 소리가 들리지 않는다는 것은 이제 인류의 큰 위협이 되고 있다. 미지의 존재, 그들의 도움이 우리에게 더 필요해질 날이 다가올지도 모른다. 인류는 경쟁보다 협력을 통한 공존이 생존에 유리하다는 것은 진화를 통해 배웠다. 하지만 공존보다는 배타적 공격성을 드러내는 일이 많아진 것은 과학 기술로 막강한 힘을 지니게 된 인류의 자만 때문이다. 공존의 중요성은 지구뿐 아니라 우주 어디에서도 통하는 보편적인 진리일 것이다.

우리만 존재하기엔 우주는 너무 넓다

꿀벌의 개체 수가 줄어들고 있기는 하지만 아직도 지구의 주인은 곤충이라고 해도 좋을 만큼 그 종류와 개체 수가 압도적이다. 땅 속, 하늘 위와 물속에 이르기까지 적응력에서 곤충을 따라갈 종은 없어 보인다. 영화에 등장하는 탱크보다 큰 곤충이 있었던 것은 아니지만 놀라운 적응력과 번식력을 지닌 실존 곤충이 버그의 모델이 되었음은 두말할 필요가 없을 것이다.

3억 년 전 고생대 말 석탄기에는 대기 중 산소 농도가 30%에 달했다. 21%인 지금의 농도와 비교하면 엄청나게 산소가 풍부한 세상이었다. 산소가 풍부한 덕분에 모든 것이 거대하게 자랄 수 있었다. 특히 호흡기관이 발달하지 않았던 곤충들에게 산소 농도는 절대적이었다. 당시 풍부한 산소를 바탕으로 크기가 1미터에 달하는 곤충들이 돌아다녔다. 2005년에 리메이크된 영화 〈킹콩King Kong, 2005〉에 나오는 거대한 곤충들의 세상이 실제 있었던 것이다.

그렇다면 〈스타쉽 트루퍼스〉에 등장하는 버그처럼 탱크보다 큰 곤충이 존재할 수 있을까? 현재 지구의 상황에서는 진화의 시계를 다시 돌리더라도 그렇게 거대한 곤충이 출현할 가능성은 별로 없다. 딱딱한 외골격을 지닌 곤충이 지속적인 탈피를 하면서 거대하게 자라기 쉽지 않기 때문이다. 영화에는 버그 해부 장면도 나오는데, 거의 포유동물과 비슷한 장기들을 지니고 있었다. 이처럼 지구의 곤충과는 전혀 다른 진화의 경로를 통해 환경을 적응한다면 버그와 같은 생물이 출현할 가능성도 있을 것이다.

〈스타쉽 트루퍼스〉에서 등장하는 버그는 외계인이다. 곤충뿐 아니라 영화나 소설 속에 등장하는 외계인의 모습은 아주 다양하다. 지구 침공을 다루는 가장 고전적인 소설인 H.G 웰즈의 《우주전쟁The War of the Worlds, 1898》에는 문어처럼 생긴 화성인이 등장한다. 이것을 패러디한 것이 만화 〈아기공룡 둘리1988〉에 나오는 꼴뚜기별의 외계인들이다.

외계인은 과연 어떤 모습일까? 아직까지 외계인이 존재하는지, 어떻게 생겼는지에 대해 알려진 바는 없다. 간혹 미스터리 프로그램에서 눈이 커다랗고 큰 머리를 지닌 외계인의 모습이 자료화면으로 나오지만 대부분 조작으로 밝혀졌다. 외계의 지적생명체를 찾기 위한 SETISearch for Extra-Terrestrial Intelligence 프로젝트와 같이, 외계 생물체를 찾기 위한 노력은 다양하게 펼치고 있다. 언제 그들을 만나게 될지는 아무도 모른다. 단지 우리만 존재하기에는 우주가 너무 넓다는 말에 공감할 뿐이다.

허블 우주망원경(1990년 미항공우주국(NASA)이 우주왕복선을 이용해 대기의 방해가 없는 지구 궤도에 올려 보낸 망원경으로 HST로도 부른다.)은 우주가 팽창한다는 사실을 밝혀낸 20세기 최고의 천문학자인 에드윈 허블의 이름을 딴 것입니다. 당시는 아인슈타인조차 우주가 변하지 않고 그 모습을 유지한다고 생각했을 때니 허블의 주장은 매우 놀라운 것이었습니다.

허블은 윌슨산에 설치된 망원경으로 관측한 자료를 토대로, 멀리 떨어진 은하일수록 더 빨리 멀어진다는 사실을 밝혀냅니다. 멀리 있는 천체가 더 빨리 멀어진다는 것이 바로 우주가 팽창한다는 증거였던 거지요.

별을 보면 항상 그 자리에 있는 것 같은데 어떻게 멀어지는 것을 알아냈을까요? 그것은 천체가 멀어질 때 나타나는 적색편이를 관측해서 알아냈습니다. 적색편이는 관측자에게서 멀어지면 스펙트럼이 적색으로 치우치는 현상입니다. 이것은 소방차가 다가올 때 더 높은 소리로 들리는 것처럼, 도플러 효과(관찰자나 물체가 움직일 경우 파동의 진동 수가 다르게 관측되는 현상)에 의해 나타나는 현상입니다.

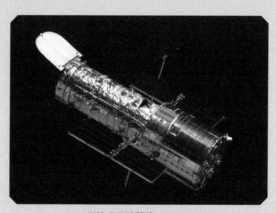

▲ 허블 우주망원경 HST-SM4

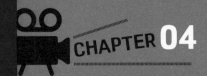

CHAPTER 04

상상을 현실로 만든 과학 기술들

땅 위의 인간,
이카로스가 하늘을 날기까지!

다이달로스는 아테네에서 가장 뛰어난 발명가다. 최고인 그에게도 고민이 있었으니 자신의 조카다. 자신의 명성을 넘보는 조카의 능력을 질투해 다이달로스는 결국 그를 죽이고 만다. 이 일이 밝혀지면서 다이달로스는 도망자 신세가 되어 크레타 섬으로 달아난다. 다이달로스는 크레타에서 미노스 왕의 명으로 아무도 빠져나올 수 없는 '미로의 궁전'을 건설하게 된다. 미로의 궁전은 사람의 몸과 황소의 머리를 가진 미노타우로스를 가두기 위한 곳이었다. 최고의 기술자답게 다이달로스가 만든 미로는 너무나 복잡해 아무도 빠져나올 수 없었다. 그러나 세상에 완벽한 비밀은 없었다.

크레타 왕에서 바쳐진 젊은이 중 한 명인 테세우스가 이 복잡한 미로에서 빠져나온 것이다. 이것은 테세우스를 사랑한 미노스 왕의 딸 아리아드네 덕분이다. 그녀가 테세우스에게 실타래를 풀어 미로를 탈출하는 방법을 알려준다. 결국 테세우스는 미노타우로스를 죽이고 미로를 빠져나온다. 이에 화가 난 미노스 왕은 다이달로스와 그의 아들 이카로스를 미궁에 가둬버린다. 하지만 복잡한 미로도 최고의 발명가를 가둘 수는 없었다. 다이달로스는 이카로스와 함께 밀랍으로 만든 날개를 이용해 하늘로 날아 미로를 탈출한 것이다. 다이달로스는 하늘로 날기 전에 이카로스에게 비행할 때 주의할 점을 단단히 일러주었다.

"이카로스야. 너무 낮게 날면 날개가 습기에 젖을 수 있고, 너무 높이 날면 열기로 인해 날개가 녹아버릴 수 있으니 항상 내 곁에서 날도록 해라."

다이달로스는 새로운 기술인 비행의 위험성을 잘 알고 있었다. 그래서 아들에게 주의사항을 일러준 것이다. 하지만 일단 비행에 성공하자 이카로스는 기뻐하다 아버지의 경고를 무시하고 태양을 향해 날아오르기 시작했다. 너무 높이 날았던 이카로스는 날개의 밀랍이 녹아버리는 바람에 결국 추락해 죽고 만다.

이 이야기는 새로운 기술에 대한 특성을 잘 묘사하고 있다. 새로운 기술은 미로 탈출 방법을 알려준 것처럼 인류가 처한 문제를 해결해준다. 하지만 새로운 기술에는 항상 새로운 위험이 도사리고 있다는 것도 알아야 한다. 이카로스의 날개처럼 추락을 두려워해 너무 낮게 날면 날개가 젖어 버린다. 즉 변화를 두려워하여 새로운 과학 기술의 탐구를 멀리하면 아무것도 얻을 수 없다. 이처럼 '이카로스의 날개'는 새로운 기술에 대한 인간의 끝없는 동경과 기술에 내포된 위험성을 경고하는 큰 의미가 된다.

:01

미래를 상상하는
욕망에 빠지다

소설 《20세기 파리》, 영화 <달세계 여행>

촛불을 밝혀 놓고 '주역'을 골똘히 읽고 있는데, 까마귀가 세 번 울고 갔다. 길동은 이상한 예감이 들어 혼잣말로 '저 짐승은 본래 밤을 꺼리거늘 이제 울고 가니 심히 불길하도다' 하면서 잠시 '주역'의 팔괘로 점을 쳐보고는 크게 놀라 책상을 밀치고는…

- 허균의 《홍길동 전》 중에서

허균의 소설 《홍길동전》에는 홍길동이 주역으로 자신의 미래를 알아내는 대목이 나온다. 주역뿐만 아니라 새해가 시작되면 그해의 운수를 볼 때 심심치 않게 등장하는 것이 《토정비결》이다. 조선 선조 때 토정 이지함 선생이 지었다고 알려졌지만 확실하지는 않다. 《토정비결》은 중국의 역서인 주역의 조선 버전이라고 할 수 있는데, 주역에 비해 내용이 쉽고 긍정적으로 서술된 편이다. 이러한 이유로 행복을 바라는 서민들의 마음을 담아 새해의 행운을 점치는 데 《토정비결》이 많이 사용된다. 이 책이 서민들의 한 해 운세를 점치는 데 쓰였다면, 조선 중기의 예언서인 《정감록》은 왕조에 대한 예언을 담고 있다. 《정감록》은 조선왕조의 멸망 이후 등장할 왕조에 대한 예언이 적혀 있다. 행운 못지않게 사람들이 관심을 갖는 건 권력을 누가 잡느냐다. 권력의 향배에 따라 자신들의 삶이 달라질 수 있기 때문이다. 이렇게 사람들은 언제나 미래를 내다보고 대비하려 했다.

　과학자들도 미래에 대해 정확히 예측하기는 어렵다. 예측 기간이 길수록 빗나갈 확률은 더욱 커진다. 하지만 과학자나 미래학자들의 예측은 점쟁이나 예언가의 예언보다 활용가치가 높다. 데이터를 바탕으로 한 과학자의 예측으로는 어느 정도 미래를 대비할 수 있지만 매번 달라지는 예언은 이를 통해 어떠한 대비도 할 수 없기 때문이다.

100년 후를 예측한 SF의 아버지 쥘 베른

《토정비결》이나 《정감록》처럼 점을 쳐서 미래 일을 대비한다는 생각을 도참사상圖讖思想이라고 한다. 도참사상은 우리나라에만 있는 것이 아니라 《주역》이나 《노스트라다무스의 예언》처럼 동서고금을 막론하고 오랜 세월 이어져 왔다. 이것은 인류가 미래를 예측하면서 문명이 시작되었기 때문이다. 점성술이나 신탁, 무당의 점괘 등 다양한 방법으로 예언하며 미래를 대비했다. 물론 사람들이 전적으로 예언에만 의존한 것

▲ 쥘 베른

은 아니다. 경험과 관찰로 많은 자료가 쌓이면서 농경기술처럼 합리적인 방향으로 바뀐 것도 있다. 1년 주기로 하는 농사는 오랜 세월 경험이 쌓이면 예측과 대비를 할 수 있었다. 하지만 문명과 기술의 진보는 예측하기 쉽지 않다. 그런 점에서 프랑스 소설가 쥘 베른의 미래를 바라본 안목은 매우 놀라울 정도로 뛰어나다. 베른의 소설을 보면 허황된 예언이 아니라 과학적 사실을 기반을 두어 미래를 정확히 그려내고 있음을 알 수 있다.

베른의 소설들은 과학적인 사실을 토대로 해 SFScience Fiction로 불리기도 한다. 또한 모험 요소를 담고 있어 모험 소설로도 불린다. 그의 대표작으로는 《해저 2만리1873》, 《80일간의 세계일주1873》, 《지저여행1864》, 《달세계 일주1865》와 같이 새로운 기술을 활용해 모험을 떠나는 소설이 많다.

그의 소설들을 보면 재미뿐 아니라 미래의 새로운 기술에 대한 뛰어난 식견도 엿볼 수 있다. 그의 뛰어난 예견은 1863년에 쓴 《20세기 파리》라는 작품에 잘 드러난다. 요즘엔 미래 도시를 상상하는 SF가 흔하기 때문에 100년 후의 모습을 그린 소설이 특별해 보이지 않겠지만, 베른이 이 소설을 쓸 때에는 그렇지 않았다. 베른이 예측한 100년 후 파리의 모습이 너무나 황당하게 보여 이 소설은 출간되지 않을 정도였다. 결국 이 원고는 130여 년이 지난 1989년에 베른의 증손자가 발견해, 1994년에야 빛을 볼 수 있었다. 베른의 소설은 출간과 동시에 큰 관심을 끌었고, 그의 선견지명에 많은 사람들은 탄복했다. 소설 속에 묘사된 100년 후 파리의 모습이 현실과 너무 흡사했기 때문이다.

이 소설에는 피아노 건반처럼 생긴 조작기로 작동되는 지하철과, 글자와 그림을 한 번에 빠르게 전송할 수 있는 기계가 등장한다. 이것은 현대의 지하철이나 인터넷과 너무나 흡사하게 보인다. 이것이 뭐 그리 놀랍냐고 물을 수도 있지만 베른이 이 소설을 쓸 때만 해도 자동차보다 마차가 더 흔하던 시절이었다는 점을 생각해보라. 마차를 타고 다니던 사람이 핵잠수함이나 우주선도 모자라 고속 열차와 인터넷을 상상해냈다는 것이 믿어지지 않을 정도다. 베른이 아직 출현하지도 않은 기술을 이렇게 정확하게 예견할 수 있었던 것은 그가 그만큼 과학에 박학다식했기 때문이다.

애플과 노키아의 운명을 가른 미래 예측

현대에는 《주역》이 현대 물리학의 옷을 입고 버젓이 첨단과학의 행세를 하는 황당한 일도 벌어지고 있다(주역은 우주 만물의 변화 원리를 설명한 것으로 현대 과학의 많은 원리들도 주역으로 설명할 수 있다는 주장이 있다. 예를 들면 음양의 경우 2진법을 기본으로 한 디지털 기술과 관련이 있다는 것이다. 하지만 은유적 형태로 기술된 주역은 비유적인 것으로 해석할 수는 있으나 과학과는 전혀 상관이 없다. 따라서 재미로 주역을 과학과 비교해볼 수는 있어도 그 속에서 과학적 원리를 발견할 수는

없다.). 이러한 때 베른의 합리적인 미래 예측은 곱씹어볼 만하다. 빠르게 변하고 있는 오늘날에는 굴지의 기업조차 10년 후를 내다보지 못해 쓰러지기도 한다. 이런 점에서 볼 때 베른의 소설은 단지 소설 이상의 의미를 지닌다.

애플과 노키아의 이야기는 미래 전망이나 비전이 얼마나 중요한지 알려주는 가장 대표적인 사례다. 애플의 스티브 잡스는 미래를 예측했을 뿐 아니라 이를 바탕으로 새로운 IT 문화를 만들어냈다. 그랬기에 애플의 창업자 스티브 잡스Steve Jobs를 20세기 IT의 아이콘, 혁신의 아이콘으로 평가하는 것이다. 자, 그렇다면 잡스의 비즈니스 스토리를 살펴보자.

잡스는 1976년 워즈니악과 함께 애플 컴퓨터를 창립해 개인용 컴퓨터인 애플 I을 제작해 판매한다. 그 후 개인용 컴퓨터 시대를 열었다고 평가되는 애플 II를 판매하여 성공을 거둔다. 하지만 잡스는 독단적이고 완벽주의적인 태도로, 함께 일하는 엔지니어들의 반발을 샀다. 또한 애플 리사와 매킨토시가 연이어 판매 부진에 빠져 결국 자신의 회사에서 쫓겨나고 만다. 애플에서 쫓겨난 잡스는 넥스트NeXT사를 세우고, 새로운 운영체제인 넥스트스텝을 만들어 재기를 노린다. 그리고 1986년에는 조지 루카스 감독에게서 애니메이션 영화사인 픽사Pixar를 인수하였다. 잡스는 픽사에 큰 기대를 걸지 않았지만 1995년 존 래스터 감독이 만든 최초 컴퓨터 애니메이션 〈토이 스토리Toy Story〉가 엄청난 성공을 거두면서 돈방석에 앉게 된다. 그리고 그의 회사 넥스트사가 다시 애플에 인수되면서 잡스는 애플의 경영자로 복귀한다. 애플로 복귀한 잡스는 아이팟, 아이폰, 아이패드를 연이어 성공시키면서 애플을 세계 최대의 회사로 성장시킨다.

한편 1865년에 설립된 노키아는 애플과 달리 처음부터 IT 회사가 아니라 핀란드의 제지회사로 출발했다. 노키아는 인수와 합병 등 여러 차례 구조 변경을 거쳐 1960년 사업분야를 무선장비 쪽에 집중시킨다. 이를 통해 노키아는 1982년 세계 최초 카폰을 만드는 등 통신업체로 위상을 굳혔다. 1998년에는 모토로라를 누르고 세계 최대 휴대폰 제조회사로 등극한다. 노키아는 핀란드 국민기업으로 불리며 핀란드 수출의 20%

를 차지하고, 13년 동안 세계 휴대폰 시장의 절대강자로 군림했다. 하지만 지구를 호령하던 공룡이 6천5백만 년 전 운석충돌로 순식간에 사라졌듯이 노키아가 몰락하는 데도 그리 오랜 시간이 필요하지 않았다. 휴대폰이 스마트폰으로 변해가는 시대적 흐름을 예측하지 못한 공룡 노키아는 후발주자인 삼성과 애플에 순식간에 무너져 버린다. 결국 노키아의 휴대폰 사업부는 2013년 미국의 MS사에 인수되어 역사 속으로 사라지고 말았다.

기업 운영, 비즈니스에서도 이렇게 미래를 예측하고, 시대의 흐름을 읽는 것은 중요한 생존 능력이 되었다. 인간이 미래를 끊임없이 상상하고, 과학을 바탕으로 좀 더 실제적인 미래를 읽으려 하는 이유는 어쩌면 오랜 세월 살아남아온 자로서의 본능이 작용한 것이 아니었을까? 여기 인간의 뛰어난 과학적 상상력을 엿볼 수 있는 쥘 베른의 작품을 자세히 살펴보자.

달로 날아가는 거대한 대포알

잘 차려입은 신사들이 커다란 대포알 속으로 들어간다. 잠시 후 거대한 대포는 달을 향해 대포알을 발사한다. 대포알의 정체는 바로 우주선이었던 것이다! 달을 향해 날아간 대포알은 보기 좋게 달의 한쪽 눈에 박힌다. 이 한 편의 블랙코미디 같은 14분짜리 영화는 최초의 SF 영화인 조

르주 멜리에스의 〈달세계 여행A Trip to the Moon, 1902〉이다. 쥘 베른의 소설 《지구에서 달까지De la Terre a la Lune, 1867》를 원작으로 한 이 영화는 스톱모션이라는 획기적인 촬영 기법을 써서 당시 사람들에게 놀라운 상상의 세계를 선보였다.

원래 마술사였던 멜리에스는 뤼미에르 형제가 발명한 영화에 관심이 있었다. 멜리에스는 1895년 뤼미에르 형제가 제작한 최초 상업영화 〈열차의 도착〉을 보고 크게 감명을 받았다. 이 영화는 50초짜리 짧은 다큐멘터리였는데, 관객 중 일부는 놀라서 비명을 지르며 밖으로 뛰쳐나갈 정도의 임팩트가 있었다. 관객들은 스크린 속 기차가 실제로 자신을 향해 달려오는 줄 착각했던 것이다. 이처럼 뤼미에르 형제의 영화가 준 문화적 충격은 매우 컸다. 하지만 뤼미에르 형제의 영화는 새로운 발전을

▲ 〈달세계 여행〉 포스터

하지 못해 관객들을 끌어들이는 데 실패하고 말았다.

다큐멘터리 같았던 뤼미에르 형제의 영화와 달리, 멜리에스의 영화는 충분히 흥행성이 있었다. 그는 자신의 직업 경험을 살려 특수효과를 도입해 놀라운 영상을 만들어냈다. 하지만 아쉽게도 멜리에스도 영화로 돈을 벌지 못하고 파산하고 말았다. 미국에서 영화로 성공하려던 멜리에스의 꿈을 에디슨 회사의 기술자들이 꺾어버리고 말았기 때문이다. 그들은 멜리에스의 영화를 불법 복제해 이득을 취했다. 영화 산업이 채 뿌리내리기도 전이었는데도 이미 불법 복제가 등장했다는 사실이 참 놀랍고도 안타깝다.

비록 멜리에스는 불행했지만 그의 영화는 후대에 높은 평가를 받았다. 스톱모션 방식을 통해 원작인 쥘 베른의 소설 속에 그려진 과학적 상상력을 스크린에 멋지게 표현했기 때문이다. 물론 거대한 대포를 쏜다고 해서 정말 달까지 갈 수는 없다. 하지만 베른은 지구의 중력을 벗어나야 달에 갈 수 있다는 걸 알고 있었다. 그래서 중력을 벗어나고자 빠른 속력으로 가속하기 위해 거대한 대포를 생각해낸 것이다. 이 소설에는 대포알 우주선의 안전성을 확인하기 위해 동물을 먼저 태워보는 장면도 등장한다. 결국 대포알에서 로켓으로 기술적인 변화만 있었을 뿐 달세계에 가려는 과정과 시도를 구체적으로 보여준 이가 바로 쥘 베른인 것이다.

또한 베른의 소설을 영화로 만든 멜리에스는 사람들이 실제로 달로 여행하는 꿈을 꿀 수 있게끔 해주었다. 영화 속 장면들은 당시로는 불가능에 가까워 말 그대로 '영화에서나 가능한 일'이었다. 그러나 베른과 멜리에스는 마법에 의존하지 않고 과학적 상상력을 동원했다. 이후 한 세기가 지나기도 전에 그것은 현실이 되었다. 1969년 인류는 드디어 아폴로 우주선으로 달에 착륙하는 데 성공한 것이다. 꿈이 바로 현실이 된 순간이다. 미래는 바로 꿈꾸는 자들의 것이다.

사이언스 토크

휴대전화에서 사용하는 전파는 전자기파의 일종입니다. 전자기파는 전하(전기를 띤 입자)들이 진동할 때 발생합니다. 우리가 물체를 볼 수 있게 해주는 빛도 전자기파에 속합니다. 전자기파는 파장에 따라 감마선, 엑스선, 자외선, 가시광선, 적외선, 전파 등으로 구분합니다.

TV나 라디오, 휴대전화 등 통신에 쓰는 전파는 전자기파 중에서도 가장 파장이 긴 파동입니다. 전파도 파장에 따라 마이크로파에서 초단파, 단파, 장파 등으로 구분합니다.

한편 전파가 자원이라는 이야기가 있는데, 이것은 전파의 영역이 정해져 있어 무한정으로 영역을 배분할 수 없기 때문입니다. 휴대폰 업체끼리 황금주파수를 얻기 위해 경쟁했다는 이야기도 바로 전파 자원에 한계가 있음을 나타내는 것입니다.

02:

기어이 날아서 달에
도착한 사람들

영화 <옥토버 스카이>

Fly me to the moon (달을 향해 날 날려줘.)

And let me play among the stars
(그리고 별들 사이에서 내가 놀 수 있게 해줘.)

Let me see what spring is like On Jupiter and Mars
(목성과 화성의 봄이란 무엇인지 볼 수 있게 해줘.)

In other words (다른 말로 표현하자면,)

Hold my hand (내 손을 잡아줘.)

- 바트 하워드 "Fly Me to the Moon(1954)" 중에서

NASA의 우주인에게 가장 인기 있는 곡은 '플라이 미 투 더 문'이다. 이 곡은 우주를 향해 날아가는 상상을 통해 사랑의 감정을 노래하고 있다. 예로부터 달은 사람의 감성을 자극하는 소재였다. '달아 달아 밝은 달아 이태백이 놀던 달아~'라는 노래 가사처럼 당나라의 시인 이태백은 달을 소재로 시를 많이 지은 것을 유명하다. 그래서 그를 '달의 시인'이라 부르기도 한다. 이태백이 얼마나 달을 사랑했는지 그가 강에 비치는 달빛을 잡으려다 익사했다는 전설이 전해질 정도다.

달은 언제나 인류에게 동경의 대상이었지만 달이 있는 천상 세계는 감히 넘볼 수 없는 금지된 영역이었다. 그리스에서는 달의 여신 헤라가 관장했으며, 우리나라에서는 정체를 알 수 없는 옥토끼가 방아질을 하는 신비로운 세계였다.

오래토록 달을 동경했지만, 달을 향해 날아갈 수 있다는 생각을 하게 된 건 극히 최근의 일이다. 최초의 SF 소설로 인정받는 케플러의 《꿈 Somnium, 1811》조차도 달로 여행할 방법을 찾을 길이 없어 꿈의 형태를 빌어 이야기를 전개했다. 로켓이 발명되기 전까지는 달 여행은 마법의 영역에서 벗어날 수 없었던 것이다.

광부가 쏘아 올린 작은 꿈 🚀

　호머(제이크 질렌할 분)가 살고 있는 콜우드는 조그만 시골의 탄광마을이다. 마을에서 태어난 남자아이들은 자신의 아버지처럼 가족을 위해 광부가 되어야 했다. 호머도 그러한 운명을 당연하게 여기며 살고 있었다. 하지만 호머의 운명을 바꾼 사건이 일어난다. 1957년 소련의 인공위성 스푸트니크가 발사되어 미국의 하늘을 가로질러 갔다는 뉴스를 듣고 호머는 새로운 꿈을 꾸게 된다. 호머도 하늘로 로켓을 쏘아 올리고 싶다는 꿈

을 품은 것이다. 영화 <옥토버 스카이October Sky, 1999>는 탄광마을에서 자신의 꿈을 포기하기 않고 꾸준히 노력해서 결국 NASA 연구원이 된 호머 히컴Homer Hickam의 자서전을 영화로 만든 것이다.

호머가 로켓 공학자가 되려는 꿈을 품고 처음 부딪힌 난관은 바로 그의 아버지였다. 아버지는 호머의 꿈을 허황된 몽상으로 보고 탐탁지 않게 여긴다. 두 번째 난관은 많은 연구가 그러하듯이 거듭되는 실패로 겪는 좌절이다. 실패와 난관을 거듭 겪는 와중에도 호머는 결코 꿈을 포기하지 않는다. 그러자 결국 아버지도 그의 꿈을 응원하게 되고 마을 사람들과 함께 든든한 후원자가 된다.

평범한 이야기일 수도 있지만 이 영화가 주는 감동은 굉장히 크다. 주인공이 실존 인물이기도 하지만 호머가 쏘아 올린 로켓이 자신만의 꿈이 아닌 마을 사람들 모두의 꿈을 싣고 날아올랐기 때문이다.

비행에서 시작되어 인간을 우주까지 날아 보낸 우주 여행은 수많은 실패에도 좌절하지 않고 끊임없이 도전하는 인류의 열정을 고스란히 담고 있다. 사실 이카로스의 비행은 인류가 태양을 향해 날아오른 우주 여행의 시작을 알리는 것이었다. 비록 그 꿈이 비극으로 끝나고 수많은 모험가들이 비행에 실패해서 결국 '인간은 날 수 없다'는 결론으로 이어진 적도 있었다. 2000회 이상의 글라이더 비행에 성공한 릴리엔탈조차도 비행 사고로 죽고 말았다. 이러한 희생에도 비행에 대한 인류의 꿈을 꺾을 수는 없었다. 릴리엔탈은 비행 사고를 겪고 "희생은 따르기 마련이다."라는 말을 남기며 결코 인류의 꿈이 좌절되어서는 안 된다는 것을 강조했다. 그리고 그 꿈을 싣고 끊임없이 노력한 덕분에 결국 라이트 형제가 비행에 성공하게 된 것이다.

누가 먼저 달에 도착하나? 우주 경쟁이 벌어지다

1957년 소련의 스푸트니크 발사 소식은 미국에 큰 충격을 주었다. 미소냉전이 한창이던 당시 분위기를 생각하면 소련의 인공위성이 미국의 하늘을 지나간다는 것은 미국인들에게 매우 큰 공포를 안겨준 사건이었다. 이를 계기로 미국은 과학교육을 혁신하고 우주개발에 막대한 예산을 쏟아붓는다. 그리고 1961년 미국의 존 F. 케네디 대통령은 의회에서 1970년이 되기 전에 우주인을 달에 보냈다가 귀환시키겠다고 발표한다.

▲ 1961년 미 의회에서 아폴로 계획을 선포하는 케네디

하지만 케네디의 말은 소련과의 우주경쟁에서 뒤처진 미국의 자존심을 세우려는 극단적 처방으로 보여 많은 사람들에게 비웃음을 샀다. 그도 그럴 것이 케네디가 의회에서 발표할 시점에 우주개발에 가장 앞선 소련을 포함해 우주인은 유리 가가린, 단 한 명이었기 때문이다. 가가린도 지구 주위를 선회하고 왔을 뿐 누구도 달에 갔다 올 수 있으리라 생각하지 못하던 시절이었다.

어쨌건 미국의 아폴로 계획은 많은 사람들의 우려와 함께 1961년에 시작되었다. 1967년에는 지상 훈련 중이던 아폴로 1호에 화재가 일어나 사령선이 불타고 세 명의 우주인이 사망한 사고까지 발생한다. 그러나 수많은 난관 속에서도 아폴로 계획은 계속 추진되었다. 그리고 드디어 1969년 7월 16일 아폴로 11호가 발사되어 7월 20일 암스트롱과 올드린이 인류 최초로 달의 '고요의 바다'에 착륙하는 데 성공한다. 1969년은 인류의 역사에 남을 큰 사건이었고, 미국인의 자존심을 단번에 회복시켜주는 날이 되었다.

사실 아폴로 계획은 과학적 연구라기보다 무모한 도전에 가까운 모험이었다. 아폴로 11호의 극적인 모험이 끝나자 아폴로 우주선 비행에 대한 대중들의 관심도 시들해졌다. 영화 〈아

▲ 아폴로 계획 표장

폴로13Apollo13, 1995〉을 보면 바로 그러한 면모가 잘 드러난다. 이러한 사회적 분위기에도 불구하고 러벨(톰 행크스 분)과 동료들은 달에 갈 꿈에 부풀어 있었다. 그러나 아폴로 13호는 산소탱크 폭발로 인해 달 착륙은 고사하고 우주선과 우주인을 무사히 지구로 귀환하는 것조차 어렵게 된다. 아폴로 계획에 무관심하던 방송국도 사고가 터지자 다시 관심을 보이면서 영화는 그들을 구조하려는 사람들의 노력으로 채워진다.

이 영화는 1970년 발사된 아폴로 13호의 사고를 바탕으로 만들었다. 벌써 영화가 개봉된 지 20년이 넘어 지금 보면 전혀 놀라울 것이 없지만, 이 영화는 사실감을 더하기 위해 영화 제작상 최초로 나사의 훈련기인 KC-135를 타고 직접 촬영했다. 이 훈련기는 일명 'vomit comet(구토혜성)'이라고 불렸으며, 실제로 배우들과 스태프도 멀미로 고생했다고 한다. 이러한 노력 덕분에 이 영화는 실제 상황을 긴박하게 잘 묘사했다는 평을 받았다. 물론 최근에는 촬영 기술의 발달로 〈그래비티Gravity, 2013〉와 같이 우주 공간을 놀랍도록 잘 묘사한 작품들도 등장하고 있다.

지구에서 중력의 영향을 벗어날 수 있는 곳은 없습니다. 그래서 영화에서는 우주 공간과 같은 무중력 상태를 연출하기 위해 비행기를 포물선 궤도로 낙하시켜 일시적으로 무중력 상태를 만드는 것입니다. 실제로 영화 촬영을 위해 우주로 나갈 수 없기 때문에 이러한 방법을 사용합니다. 우주인들도 무중력 상태의 훈련을 위해 구토 혜성이라 불리는 비행기를 이용해 훈련합니다. 줄이 끊어진 엘리베이터 안도 아주 짧은 순간이나마 무중력 상태를 경험할 수 있을 것입니다. 하지만 낙하하는 엘리베이터나 비행기 안도 과학적으로 정확하게 표현한다면 무중력 상태는 아닙니다. 단지 무게를 느낄 수 없는 무중량 상태일 뿐입니다.

무중력은 중력이 없다는 것이고, 무중량은 단지 무게가 0일 뿐입니다. 중량은 저울로 측정해야 하는데 저울도 같이 낙하하고 있으니 저울에 무게를 작용할 수 없어 0이 된 것이지요. 이와 같이 지구상 모든 물체는 중력을 받게 되는데, 베른의 소설에 거대한 대포알이 등장한 이유는 빠른 속도로 날아 지구 중력을 벗어나기 위한 것입니다. 이때 지구 표면과 평행하게 비행하여 인공위성이 되기 위한 속도를 제 1 우주속도라고 합니다. 그리고 지구의 중력을 벗어나 달로 날아가기 위해서는 제 2 우주속도 이상의 빠른 속력이 필요합니다.

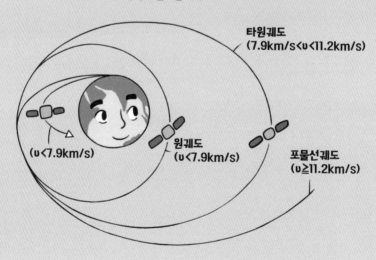

03:

나에게도

만능 슈트가 생긴다면?

영화 <아이언 맨>

"인간은 노력하는 한 방황한다."

- 괴테의 《파우스트》 중에서

괴테가 무려 60여 년이나 걸려 완성한 작품 《파우스트Faust, 1808》. 파우스트는 인간의 한계를 넘어선 지식을 얻기 위해 악마인 메피스토펠레스와 계약을 한다. 말 그대로 악마의 유혹에 넘어간 것이다. 파우스트는 계약이 끝나면 자신의 영혼을 악마에게 넘기기로 한다.

파우스트처럼 인생을 살다 보면 달콤한 유혹의 순간이 다가온다. 교통법규를 어기고 무단 횡단을 하고픈 충동부터 동료나 나라를 배신하는 갈등까지 그 선택도 다양하다. 유혹으로부터 소신을 지켜낼 수도 있지만 그렇지 않은 경우도 생긴다. 무언가를 이루기 위해 부단히 노력하다 만나는 유혹 앞에서 사람은 더욱 망설이게 된다. 그렇다면 유혹의 손길에 어떻게 대처할 것인가? 《파우스트》에 나오는 말처럼 나의 것이 아니거든 보지를 말고, 마음을 흔드는 것이라면 보지 않는 것이 좋을 것이다. 그래도 보고 싶다면? 괴테는 "그래도 강하게 덤비거든 그 마음을 힘차게 불러일으켜라."라고 말했다.

과학은 진리를 탐구하는 학문이지만 때로는 과학을 응용해 탄생한 기술이 세상에 많은 변화를 준다. 1, 2차 세계대전을 겪으면서 우리는 과학 기술의 엄청난 위력을 보았고 더 이상 과학이 과학자들만의 것이 아님을 알게 되었다. 한 예로, 암모니아 합성법으로 비료를 생산하여 노벨상을 수상한 독일의 하버는 그 기술을 폭탄 제조에도 사용했다. 유대인이었던 하버는 독일인으로 인정받기 위해 독가스를 만드는 치명적인 실수도 저지른다. 하버와 같이 뛰어난 과학자가 왜 이런 실수를 저지른 것일까?

과학기술이 가져다준 편이는 우리를 더 나은 다음을 위한 유혹에 빠트린다. 과학의 발달을 누리는 모든 이들이 이제 '이용'에 대해 다함께 고민해야 하는 시대가 온 것이다.

과연 '노블리스 오블리제'는 살아 있을까?

중세 시대 기사의 상징은 뭐니 뭐니 해도 번쩍이는 은색 갑옷일 것이다. 빛나는 갑옷을 입고 말 위에서 긴 칼을 휘두르며 적을 무찌르는 기사의 무용담은 멋진 전설이 되었다. 하지만 그것은 이야기에만 나오는 기사들일 뿐 실제는 영웅과는 거리가 멀 때도 많았다.

기사들도 처음에는 숭고한 뜻으로 전쟁에 참여했지만 전쟁을 겪으며 그 마음을 유지하기가 쉽지 않았다. 목숨을 걸고 적과 싸우므로 언제 죽어도 이상하지 않은 그들이었다. 때문에 전쟁에서 이겼더라도 소설이나 영화에서처럼 여유로운 기사가 아닌, 피에 굶주린 야수처럼 변하는 일도 많았다. 이러한 상황에서 야만족과 달리 규율과 충성심으로 뭉친 기사들의 전형적인 이미지가 필요했다. 그래서 탄생한 것이 바로 기사도 정신이다. 11~13세기 십자군 전쟁 시기에 기사 제도와 기사도 정신이 가장 활발하게 전파되었다고 한다.

기사도 정신은 서양의 귀족 문화를 지탱하는 중요한 근간인 '노블레스 오블리주Noblesse oblige'의 하나다. 노블레스 오블리주는 "고귀하게 태어난 사람은 고귀하게 행동해야 한다."는 로마의 귀족 정신에서 그 기원을 찾을 수 있다. 로마의 귀족들은 많은 것을 누리는 특권층임에도 직접 전쟁터에 나가 싸우다 죽는 일들이 많았다. 이것을 이어받은 것이 바로 기사도 정신이다. 이처럼 노블레스 오블리주는 가진 자가 먼저 모범을 보인다는 것으로, 리더의 덕목으로 간주된다.

로댕의 작품 〈칼레의 시민Les Bourgeois de Calais, 1889〉에 나오는 칼레 시민의 이야기는 노블레스 오블리주의 전형적인 모습으로 알려져 있다. 이 작품은 100년 전쟁 당시 영국군에 저항하던 프랑스 칼레에서 일어난 일들이 배경이 되었다. 영국군의 공격을 1여 년 동안 막아내던 칼레 시민은 더 이상 버티지 못하고 결국 사절단을 보내 항복하게 된다. 하지만 영국의 에드워드 3세는 저항의 책임을 물어 시민 중 6명이 대표로 교수형

▲ 갈림길에 선 기사(Viktor Vasnetsov 그림, 1878)

을 당하면 나머지 시민들은 살
려 주겠다고 한다. 이에 시장과
부자, 귀족이 스스로 대표로 죽
겠다고 나선다. 이들은 결국 영
국 왕비가 임신한 아기를 위해
관용을 베풀어 그들을 살려줄
것을 간청해 목숨을 구하게 된

▲ 로댕의 〈칼레의 시민〉

다는 이야기다. 비록 이 이야기가 후대를 거치면서 미화되었다고 하더라
도 서양에서는 이처럼 노블레스 오블리주의 전통을 마치 우리의 화랑도
나 선비정신처럼 가치 있게 여겼다.

기사도를 발휘한 아이언맨?

아이언맨인 토니(로버트 다우니 주니어 분)는 모든 것을 가진 인물이다. 돈
과 권력, 힘 그리고 사랑하는 여인까지 있으니 무엇 하나 빠지지 않는 완
벽한 인물이다. 그가 이 모든 것을 가지게 된 배경은 바로 무기 제조다.
뛰어난 머리와 사업 수완을 발휘해 그는 무기 제조와 거래로 막대한 부
를 거머쥔 것이다. 하지만 토니는 테러리스트들에게 납치당해 인질이 되
면서 큰 변화를 맞게 된다. 납치 현장에서 자신의 무기로 인해 짓밟힌 사
람들의 삶을 보게 된 것이다. 테러리스트에게서 탈출하기 위해 아이언맨

슈트를 만들어낸 토니는 이것을 이용해 슈퍼 영웅으로 새롭게 태어난다.

아이언맨의 슈트는 갑옷의 연장선상에 탄생한 것이다. 단지 칼과 화살을 막아냈던 과거 갑옷과 달리 아이언맨의 슈트에는 자비스라는 인공지능 컴퓨터가 있어 다양한 정보 습득과 방어, 공격이 가능하다. 재료공학, 기계공학, 전기전자 공학의 발달로 갑옷의 한계를 넘어선 '입는 로봇'

이 바로 아이언맨의 슈트다.

아이언맨 슈트는 〈반지의 제왕〉에 등장하는 미스릴 갑옷처럼 대부분의 공격을 막아낼 수 있다. 미스릴 갑옷은 얇은 철사를 이어서 만든 철망으로 되어 있는데, 실제로 그러한 금속이 있지도 않을 뿐더러 아무리 철사가 질겨도 크롤처럼 덩치 큰 괴물의 공격을 받는다면 갑옷을 입은 이에게 충격이 전해져 부상을 입게 된다. 이러한 갑옷을 입고 다치지 않는다는 건 판타지에서나 가능한 일이다. 그래서 실제 군인들은 방탄조끼를 입고도 충격이 전해지기에 안에 철판을 덧대기도 하는 것이다.

그런데 합금 소재로 만든 아이언맨의 슈트는 외부 충격에서 사람을 보호할 수 있다. 물론 그렇다 해도 헐크와 싸울 때처럼 마구 던져지면 충격을 견딜 수 없다. 직접적인 충격을 막아내더라도 슈트 내부에 있는 사람은 엄청난 가속도를 경험하게 된다. 결국 커다란 가속도로 인해 성신을 잃거나 심각한 부상을 입는 것이다. 마치 우주인들이 커다란 가속도를 견뎌내는 훈련을 하듯이 토니는 가속도를 견디는 훈련을 해야 한다.

여하튼 최대한 토니의 신체에 부담을 주지 않는 슈트를 만들려면 가볍지만 튼튼하고, 열에 잘 견디는 물질을 찾아야 한다(재료공학). 작은 부피로도 엄청난 괴력을 발휘할 수 있는 인공근육도 있어야 한다(기계공학). 그리고 자비스와 같이 언제 어디서든지 토니에게 최적의 정보를 제공하는 인공지능 컴퓨터도 있어야 한다(전기전자공학). 이렇게 다양한 기술이 종합적으로 구현되어야 아이언맨 슈트가 탄생할 수 있는 것이다.

이 최첨단 기술로 점철된 슈트를 가진 토니의 행보가 눈에 띄는 것은 그가 테러로 괴롭힘을 당하는 약자들의 터전에 뛰어갔기 때문이다. 슈트를 입고 악당들과 싸우는 아이언맨의 모습은 중세 시대 기사를 떠올리게 한다. 모든 것을 가진 자로서, 과학 기술이라는 막강한 힘을 두른 그는 약한 자들을 위해 생명의 위험을 무릅쓴다. 물론 이따금 철없이 쇼맨십을 부리기도 하지만 악당으로부터 시민을 지켜내는 아이언맨이야말로 노블레스 오블리주의 현대판이 아닐까.

태권도 시합을 하거나 자전거를 탈 때 우리는 보호 장구를 합니다. 보호 장구는 사람이 충격을 받았을 때 그 시간을 길게 하여 충격을 줄여주는 역할을 합니다. 이를 물리적으로는 충격력이 감소했다고 합니다. 사실 매트 위나 딱딱한 콘크리트 바닥이나 같은 높이에서 떨어진 물체가 받는 충격량은 같습니다. 푹신한 매트 위에 떨어진 물체가 깨지지 않는 이유는 충격 받는 시간이 증가하여 충격력이 줄어들었기 때문입니다.

태권도나 유도의 구르기 낙법도 충격력을 줄여주는 방식입니다. 자동차의 에어백이나 범퍼 등도 충격을 줄여주는 장치에 속합니다. 운동선수나 병사들의 몸을 보호하는 장치들도 모두 이러한 원리입니다.

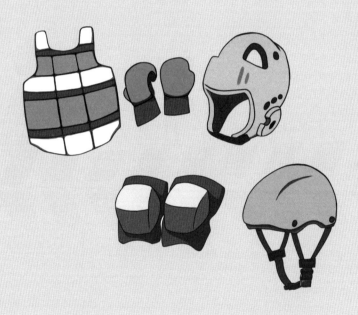

:04
빅 데이터가 가능하게 만든
미래 혹은 현실

영화 <마이너리티 리포트>

군자는 남이 보지 않는 데서도 경계하고 삼가며,

남이 듣지 않는 데서도 두려워한다.

은밀한 곳보다 잘 띄는 곳이 없고,

작은 일보다 잘 드러나는 일이 없다.

그러므로 군자는 홀로 있을 때도 삼간다.

- 《중용》에서

《중용》에서 군자는 홀로 있을 때도 모든 일에 도를 지키는 인물이다. 군자는 이상적인 도덕성을 가진 인물로, 선비들은 군자의 길을 가는 것을 목표로 삼았다. 이 시대에도 그러한 군자의 모습을 찾아볼 수 있을까? 예전에 한 TV 프로그램에서 '신호를 지키자'는 취지로 몰래 카메라를 설치해놓고 관찰한 적이 있었다. 밤늦은 시간에 아무도 없는 교차로에서 신호를 지키는 사람은 거의 없었다. 홀로 신호를 지키는 운전자에게 다가갔더니 그는 장애인이었다. 사실 아무도 없는 곳에서도 원칙을 지키기란 결코 쉬운 일이 아니다. 그런데 이제 CCTV와 몰래 카메라가 난무해 남이 지켜보지 않는다고 누구도 장담하지 못하는 세상이 되었다. 좋든 싫든 누구나 군자의 도를 행해야 하는 세상이 온 것이다.

'하늘이 알고 땅이 안다'고 하였으나 하늘도 땅도 모르는 것을 CCTV나 사물인터넷이 알고 모든 것을 통제하는 세상이 되었다. 심지어 이러한 정보를 통해 나 자신도 모르는 나에 대한 것을 남이 알고 있는 경우도 있다. 이러한 세상에서는 군자처럼 행동한다고 모든 것이 해결되는 것이 아니다. 내 정보를 남에게 얼마나 공개할 것인지 그리고 내 정보가 제대로 보호되고 있는지가 매우 중요해졌다.

미래의 범죄를 미리 막을 수 있을까?

영화 〈마이너리티 리포트Minority Report, 2002〉는 1956년 필립 K. 딕이 쓴 동명의 소설을 소재로 한다. 하지만 소설에서 소재만 가져왔을 뿐 영화에서는 많은 부분이 달라졌다. SF 영화이나 가장 중요한 '사건의 예측'을 초능력이라는 비과학적인 요소로 그린다는 점을 주의할 필요가 있다.

영화는 2054년 미국의 워싱턴 D.C.를 배경으로 한다. 범죄예방국 반장 존 앤더튼(톰 크루즈 분)은 프리크라임 시스템에서 사건이 예고되면 이를 막는 일을 한다. 프리크라임 시스템은 세 명의 예지자가 미래에 일어날 사건을 보면 그들의 뇌와 연결된 디스플레이를 통해 그것을 미리 확인하도록 되어 있다. 프리크라임 시스템은 언뜻 보기에는 첨단 기술을 이용한 매우 과학적인 시스템처럼 보인다. 하지만 예언자의 예언을 듣고 아직 발생하지 않은 사건에 대해(따라서 아직 범죄를 저지르지 않은) 미래의 범인을 체포해 범죄를 예방하는 일종의 점쟁이 시스템일 뿐이다.

프리크라임 시스템은 범죄율을 크게 낮추어 성공적인 것처럼 보였다. 앤더튼 반장도 자신의 아들을 잃어버린 사건 때문에 시스템을 신임하게 된다. 하지만 어느 날 시스템이 앤더튼 반장을 범인으로 지목하면서 문제가 발생한다. 반장은 자신이 아직 저지르지도 않은 일 때문에 동료들에게 쫓기는 신세가 된 것이다. 앤더튼은 자신의 결백을 증명하기 위해 시스템의 예언자 한 명을 납치하여 사건의 배후를 하나둘 캐낸다. 영화의 제목이기도 한 마이너리티 리포트는 세 명의 예지자가 다른 의견을 냈을 때 소수의견을 지칭하는 말이다. 앤더튼은 자신의 살인에 대해 다른 의견을 낸 한 명의 예지자를 납치해 사건을 풀어나간다. 결국 그 과정에서 앤더튼이 누명을 쓴 것과 시스템에 오류가 있다는 것도 밝혀진다.

그렇다면 범죄율을 낮추기 위해 자유 통제가 필요한가?

스티븐 스필버그 감독이 묘사한 2054년의 워싱턴 D.C.는 범죄율을 낮추기 위해 개인의 자유가 통제된 사회다. 언뜻 보면 평화로운 미래 사회 같지만 앤더튼 반장의 예에서 볼 수 있듯이 소수의견은 무시당한 채 오로지 도시의 범죄율을 낮추는 것만 진정한 선으로 받아들인 곳이다. 이곳의 개인은 아직 저지르지도 않은 일에 대해 책임을 져야 한다.

프리크라임은 사실 인간의 미래가 결정되어 있다는 결정론적 세계관을 믿는 시스템이다. 즉 미래가 결정되어 있지 않다면 예언 따위는 필요가 없다. 언제든 변할 수 있는 미래에 예언은 아무런 쓸모가 없기 때문이다. 결국 앤더튼이 누명을 벗고 시스템의 오류가 밝혀지면서 개인의 자유의지에 의해 미래는 얼마든지 변화될 수 있다고 결론을 맺는다.

현대의 법체계에서는 누구도 자신이 저지르지 않은 범죄에 대해서는 책임을 묻지 못한다. 범죄를 저지르기 전에 의도를 지닌 것을 예비음모라고 부른다. 길옆에 있는 멋진 스포츠카에 키가 꽂혀 있어 옆 친구에게 "저 차 몰고 갈까?"라고 단순히 말한다고 해서 처벌을 받지는 않는다. 하지만 모든 예비음모를 처벌하지 않는 것은 아니다. 살인예비음모죄와 같이 명백한 살인 의도를 지녔다면 이에 대해서는 처벌을 받는다. 이때도 객관적으로 살인 의도에 대한 명백한 근거가 있어야 한다.

칼만 잡으면 모두 예비살인죄로 처벌한다면 요리할 때 아무도 칼을 쓰지 않을 것이다. 프리크라임이 무서운 것은 과일을 깎기 위해 칼을 잡았는데 5분 후 그 칼로 옆 사람을 공격할 것이라는 예언만 있으면 그 사람이 체포된다는 것이다. 물론 영화에서는 그 사람이 사과를 깎다가 옆 사람의 말에 흥분해서 갑자기 공격하는 것과 같이, 타당한 근거를 제시하는 것처럼 보인다. 하지만 그 상황이 아직 벌어지지 않았으니 사실 미래는 알 수 없는 것이다. 그리고 근거도 예언자 세 명의 초능력에만 의존하고 있다. 초능력이 과학적으로 입증된 바가 없으니 미래 사회에 이러한 방식의 프리크라임 시스템이 도입될 가능성은 거의 없을 것이다.

초능력을 믿고 미래를 예측하는 시스템은 도입되지 않더라도 빅 데이터Big Data를 이용해 범죄나 사고를 예방할 수는 있다. 빅 데이터를 분석하면 범죄가 일어나는 장소와 유형을 알 수 있고, 이를 이용해 드론으로 순찰을 강화하거나 CCTV를 설치하여 범죄를 예방할 수 있다. 빅 데이터는 '빅Big+데이터Data'를 합성한 말인데, 단지 '엄청나게 많은 양의 데이터'라는 의미는 아니다. 빅 데이터는 그동안 쓰이던 정형화된 데이터가 아닌 다른 유형, 비정형화된 데이터까지 포함한다. 그 데이터들을 어떠한 방식으로 처리하는지에 따라 다양한 가치를 창출할 수 있다. 그래서 빅 데이터를 '정보화 시대의 석유'라고 불릴 만큼 엄청난 가치가 있다고 보는 것이다. 그리고 이 데이터의 힘을 누가 소유하느냐가 매우 중요한 문제가 되었다.

빅 브라더는 과연 우리의 형제인가?

사실 이 영화에서 더욱 냉철하게 봐야 할 것은 개인정보의 유출이다. 언뜻 생각하면 영화 속 미래 사회는 교통카드도 필요 없어 편리할 것 같다고 생각할지도 모른다. 어느 곳이든 홍채인식기를 통해 모든 것이 간단히 처리되기 때문이다. 비밀번호를 외울 필요도 없고 신용카드 분실 우려도 없으니 충분히 도입을 고려해볼 수는 있다. 하지만 이렇게 편리한 시스템이 잘못 운용될 경우도 생각해봐야 한다.

프리크라임은 범인을 잡기 위해서 거미 로봇을 출동시켜 아파트 곳곳을 마구 뒤지고 다닌다. 개인이 목욕을 하건 잠을 자건 상관하지 않고 눈꺼풀을 들어 올리고 검사를 한다. 법 집행 앞에 개인의 사생활 보호는 어디에도 없다. 이 수색 장면도 섬뜩하지만 더욱 무서운 것은 개인정보를 정부가 모두 소유하고 마음대로 사용한다는 점이다. 물론 영화에서 정부가 개인정보를 다 소유했는지 확인되지는 않지만 모든 것을 통제하는 사회 분위기상 그럴 가능성이 크다. 홍채 정보를 인식해 개인에게 맞춤형 정보를 제공하는 것은 편리하지만 마치 개인이 거대한 사이버 세계의 아바타처럼 정부의 모니터에 일일이 기록되는 것이 과연 좋을까?

그 세계에서 빠져나오기 위해 앤더튼 반장이 선택할 수 있는 것은 자신의 눈을 빼내고 다른 사람의 눈을 끼우는 끔찍한 방법밖에 없었다. 개인정보의 통합 관리는 잘 사용할 경우 편리한 시스템을 만드는 데 쓰일 수도 있지만 그렇지 못할 경우 인간의 자유를 침해하는 심각한 결과를 초래할 수 있다. 아무리 범인 검거를 위해서여도 개인정보를 보려면 확실한 근거와 절차를 따라야 하며, 사생활 침해는 최소한으로 해야 할 것이다. 자유는 수많은 사람들의 희생으로 얻은 소중한 것이다. 따라서 국가나 어떤 단체도 개인의 자유를 억압해서는 안 될 것이다.

정보화 시대를 만드는 데 꼭 필요한 물질이 반도체입니다. 반도체는 도체와 부도체의 중간적 성질을 지닌 물질이지만 평소에는 거의 부도체에 가깝습니다. 반도체의 성질을 지닌 대표적인 물질이 바로 규소(Si)와 저마늄(Ge)입니다.

규소와 저마늄으로만 된 반도체를 진성반도체라고 합니다. 진성반도체에 불순물을 첨가하여 전압을 걸었을 때 이동할 수 있는 전자의 수가 늘어난 것이 n형 반도체이며, 오히려 전자의 수가 줄어든 것이 p형 반도체입니다. n형 반도체와 p형 반도체를 접합시켜 만든 것이 다이오드입니다. 다이오드는 전압의 방향이 변하면 한쪽 방향으로만 전류를 흐르게 하는 성질이 있습니다. 또한 반도체를 p-n-p로 접합시키거나 n-p-n으로 접합시켜 만든 것은 트랜지스터라고 부릅니다. 트랜지스터는 전류의 흐름을 제어해 스위치로 사용하거나 전류를 증폭하는 데 씁니다.

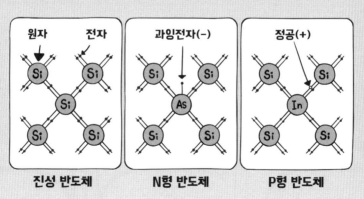

CHAPTER **05**

마법과 과학의
경계에 선
과학 인문학

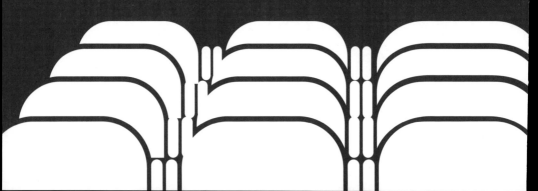

：
해리포터는 판타지가 아니라
SF가 되고 싶었다!

과학이 등장하기 전에는 주술이나 마법이 세상의 문제를 해결하는 중요한 방법이었다. 사람들은 강력한 존재인 신이나 심지어 동물이나 자연을 숭배하며 그들의 힘을 빌려 문제를 해결하려고 했다. 그래서 신과 소통할 수 있는 무당이나 사제들은 막강한 권력을 지녔다. 문제를 해결할 합리적인 방법을 찾을 수 없는 상황에서 신과 소통하는 이들의 뜻을 거스를 수 있는 이는 거의 없었다. 심지어 그가 왕이라고 해도 말이다. 왕은 그들과 결탁하여 자신의 뜻을 관철시킬 수는 있어도 모든 것을 원하는 대로 하기는 쉽지 않았다.

<해리포터> 시리즈나 <반지의 제왕>에서 해리포터나 간달프가 다른 사람보다 뛰어난 능력을 발휘할 수 있었던 것은 마법을 사용할 수 있었기 때문이다. 물론 그들은 판타지에 등장하는 인물이니 실제로 마법사나 마녀는 존재하지 않았을 거라고 생각하기 쉽다. 하지만 마법사와 마녀가 영화에서처럼 막강한 능력을 발휘할 수 없다는 것은 크게 중요하지 않았다. 사람들이 마법사의 능력을 믿었기 때문이다.

망원경 없이 하늘을 관측해 방대한 자료를 남긴 티코 브라헤(덴마크의 천문학자이자 케플러의 스승으로 유명하다. 케플러는 티코가 남긴 방대한 자료를 물려받아 케플러의 법칙을 발견할 수 있었다.)는 덴마크 왕에게서 막대한 자금을 지원받았다. 그를 위해 심지어 덴마크의 벤 섬에 우라니보르라는 거대한 관측소까지 지어줄 정도였다. 덴마크 국왕이 이렇게 엄청난 후원을 한 것은 과학의 발전을 위해서만은 아니었다. 점성술을 통해 미래를 알고 싶었

기 때문이다. 특히 점성술은 국가의 중대사를 결정하는 중요 지표가 되었다. 점성술은 미약한 인간이 하늘의 뜻을 살필 수 있는 유일한 방법이었기 때문이다. 사람들은 하늘과 지상 세계는 별개이며 하늘의 변화를 보면 지상에 어떤 일이 일어날지 알 수 있다고 믿었다.

점성술은 인간의 운명만이 아니라 의학과도 깊은 관련을 맺었다. 중세 서양의 의학은 별자리에 따라 사람의 체질을 구분했고, 행성의 운행에 영향을 받아 질병이 생긴다고 믿었다. 하늘의 뜻에 따라 세상 만물이 움직이므로 하늘을 관찰하면 인간의 길흉화복을 모두 알 수 있다는 믿음으로, 점성술은 강력한 위력을 발휘했던 것이다. 마찬가지로 조선에서 서운관을 두고 천문 관측에 공을 들인 것도 하늘의 뜻을 알기 위해서였다. 과학이 발달하지 않았던 시절, 사람들의 불안을 잠재울 수 있는 유일한 방법은 하늘의 뜻을 거스르지 않는 길뿐이었다.

:01

물리학을 넘어선
'힘'의 영역이 등장하다

영화 <스타워즈>

"비나이다. 비나이다. 용왕님께 비나이다."

- 용왕제 중에서

바다로 고기를 잡으러 나가는 어선이 출항 전에 올리는 용왕제에 나오는 이 말에는 바다에 대한 두려움을 물리치고 만선을 바라는 어민들의 기원이 담겨 있다. 우리 조상들은 복을 빌거나 자신이나 마을에 닥친 문제를 해결하기 위해 산신이나 용왕에게 행운을 비는 민간신앙이 있었다. 산신이나 용왕은 행운을 관장하는 서양의 '행운의 여신'과 같은 존재다. 바로 그리스 신화의 티케Tyche와 로마 신화의 포르투나Fortuna가 행운의 여신이라고 할 수 있다. 티케는 운명을 지키는 여신이었고, 포르투나는 운명의 수레바퀴로 사람의 운명을 결정했다. 운명이 좋게 결정 나게 하는 역할을 티케와 포르투나가 했으니 그들이 행운의 여신인 셈이다. 서양에 전해지는 이야기에 따르면 행운의 여신은 앞머리는 많지만 머리 뒤쪽에는 머리카락이 하나도 없다고 한다. 이것은 행운이 왔을 때 잡아야 하며, 지나가면 잡을 수 없다는 의미를 지닌다. 행운은 이를 준비하고 그것이 왔을 때 잡는 사람에게만 온다는 의미로 해석된다.

절대자에게 운명이나 행운을 비는 구복행위는 동서고금을 통해 널리 퍼져 있다. 하지만 조금만 더 신중하게 생각해본다면 어떤 절대자이건 현실세계에 영향을 주려면 '물리적인 실체'가 있어야 한다. 물리적인 존재만이 현실세계에 힘을 행사할 수 있기 때문이다.

옛날 옛날에 은하계 저편에서는?

영화는 "먼 옛날 은하계 저편에…A long time ago in a galaxy far, far away…"라는 자막과 함께 시작된다. 자막이 사라지면 〈스타워즈Star Wars〉의 주제곡이 흘러나온다. 이야기의 배경 자막도 우주 속으로 서서히 사라지면서 관객들도 우주 활극으로 빨려 들어간다. 〈스타워즈〉는 우주에서 벌어지는 명확한 선악의 대결구도를 지닌 작품으로, 총 9편으로 구성된다. 1977년에 개봉된 영화가 시리즈상에서는 4번째 이야기인 셈이다. 처음에는 그때 제작된 4편만 〈스타워즈〉로 불렀으나 영화가 흥행하자 원래 기획했던 후속작도 제작할 수 있게 되었다. 그러면서 5편부터는 시리즈의 부제를 달고 개봉하게 되었다.

첫 편인 〈스타워즈: 새로운 희망〉은 반란군이 은하제국과의 싸움에서 첫 승리를 거두고 '죽음의 별Death Star'의 설계도를 몰래 훔쳐 나오는 데서 시작된다. 죽음의 별은 말 그대로 행성 하나를 한 방에 날려버릴 수 있는 무시무시한 무기다. 설계도를 훔친 레이아 공주(캐리 피셔 분)는 제국의 함선에 붙잡히고 겨우 집사로봇인 C-3PO(안소니 다니엘스 분)와 귀엽게 생긴 R2-D2(케니 베이커 분)만 탈출시킨다(당시에는 로봇을 직접 작동시키거나 특수효과로 처리하기 어려웠으나 R2-D2는 2003년 로봇 명예의 전당에 오를 만큼 인기가 좋았다. 이 두 로봇은 흔히 헐리웃 영화에 나오는 공포감을 심어주는 로봇들과 달리, 관객들에게 친근한 이미지로 다가갔다).

제국의 눈을 피해 겨우 탈출한 로봇들은 타투인 행성에 사는 루크 스카이워커(마크 해밀 분)에게 발견된다. 루크는 R2-D2가 보여준 홀로그램 속의 레이아 공주를 보고, 그녀를 구하러 가기로 결심한다(이 홀로그램 동영상은 영화에 나오는 홀로그램 동영상 중 가장 인상 깊은 장면 중 하나다).

루크는 동영상을 보고 제다이 기사 오비완 케노비(알렉 기네스 분)에게 도움을 청한다. 오비완 케노비에게 평화와 정의의 수호자인 '제다이 기사'가 되는 수련을 받은 루크는 레이아 공주를 구해낸다. 이 과정에서 오비완 케노비는 〈스타워즈〉의 대표 악당 다스 베이더와 대결하며 죽음을 선택해 육체가 사라지고 만다. 비록 몸이 사라졌지만 오비완은 루크와 항상 함께한다. 루크와 반란군은 소형 전투기를 몰고 죽음의 별을 파괴하기 위해 출동한다.

포스는 '힘'인가 '기'인가?

〈스타워즈〉는 스페이스오페라 또는 스페이스판타지로 분류된다. 언뜻 보기에 SF영화 같지만 다양한 판타지 요소가 있기 때문이다. 다스베이더에서 요다에 이르는 강력한 힘을 지닌 인물들은 모두 제다이 기사 혹은 제다이 수련을 거쳤다. 그들의 능력은 모두 포스에 달려 있다. 포스는 동양에서 '기(氣)'와 비슷한 개념이며, 마법의 세계에서는 마나mana로 불린다.

동양에서 기의 역사가 오래된 것처럼, 마나의 역사도 추적해 올라가면 애니미즘Animism과 함께 탄생했다고 봐야 할 것이다. 애니미즘은 세상 만물에 정령이 깃들어 있다는 세계관으로, 제다이 기사가 느끼는 '포스'도 여기에 근거했다고 본다. 인간 세상을 둘러싼 다양한 현상들의 원리가 밝혀지지 않은 상태에서 우리 조상들의 눈에는 모든 것이 마법처

Force

럼 보였을 것이다. 그리고 그 속에 존재하는 모든 능력은 마나로 설명되었다.

　스타워즈의 포스Force도 우주 만물에 내재된 속성이다. 하지만 제다이 기사가 사용하는 포스는 물리학에서 이야기하는 힘과는 다른 개념이다. 물리학에서는 생물과 무생물을 구분하지 않고 모두 물질로 간주하고 힘을 계산하지만 포스는 생명체에만 존재하는 힘이다. 따라서 이것은 마치 영적인 존재와 관련된 것으로 과학적인 영역은 아니다. 과학적으로 실체를 증명하기 위해서는 측정이 가능해야 한다. 과학은 증거를 바탕으로 하기 때문에 측정되지 않는 것은 그 존재를 과학적으로 증명할 수 없다. 영화에 등장하는 포스는 물리학이 밝혀낸 어떤 힘과도 공통된 특성을 보이지 않는다. 물론 아직까지 물리학에서 밝혀내지 못한 힘이 있을 수도 있다. 하지만 지금의 측정기술로 본다면 그럴 가능성은 별로 높지 않아 보인다.

　〈스타워즈〉에서는 로봇 병기나 광선총보다 제다이의 포스를 더 강력한 것으로 묘사한다. 물론 죽음의 별과 같은 거대한 병기를 과학 기술로 만들었으니 과학이 더 위대하지 않냐고 따질 수도 있다. 그러나 공화국을 지배하고 무너뜨리는 것도 모두 포스를 지닌 제다이 기사들의 몫이니 기술보다 포스가 더 우위에 있다고도 생각할 수 있을 것이다. 하지만 존재하지도 않는 포스가 과학 기술보다 뛰어나다는 생각은 단지 아날로그적 향수에 불과하다.

판타지와 SF의 경계에 선 과학

제국군이 만든 가공할 무기인 '죽음의 별'을 폭파하기 위해 루크가 믿은 건 바로 포스다. 제다이 기사의 스승 요다는 임무를 받고 출격하는 루크에게 "포스가 함께 하기를"이라는 인사를 건넨다. 이것은 행운이 깃들기를 바라는 축복의 인사 이상의 의미가 있다. 제다이 기사의 힘은 바로 포스에서 나오기 때문이다.

제다이 기사의 힘이 포스에서 나온다고 해서 포스가 물리학에서 사용하는 힘인 'force'와 같은 것은 아니다. 물리학에서 말하는 힘은 4가지가 존재한다. 강력(강한 상호작용), 약력(약한 상호작용), 중력 그리고 전자기력이다. 이 힘들은 크기를 측정할 수 있고, 실제로 여러 가지 물리적 현상을 일으킨다. 이에 비해 동양의 기나 마법에서 통용되는 마나라는 것은 그 실체를 파악하기 어렵다. 아직 뚜렷하게 객관적으로 측정된 바가 없기 때문이다.

만일 기가 존재하고 우리의 감각기관이 이것을 감지할 수 있다면 4가지 힘 중 하나일 것이다. 기를 감지할 때 따스함과 차가움이 느껴진다면 이 힘은 전자기력의 일종이다. 사실 기나 마나의 실체 후보는 전자기력일 수밖에 없다. 강력과 약력은 원자 내부에서 작용하는 힘이고, 중력은 인력밖에 존재하지 않기 때문에 끌어당기는 능력밖에 없다. 따라서 빛이나 전기, 자기 등 다양한 형태로 표현되고 인력(서로 끌어당기는 힘)과 척력

(서로 밀어내는 힘)이 모두 있는 전자기력이 기와 마나의 정체일 것이다. 물론 이것은 기와 마나가 실제로 존재한다면 그렇다는 것이다. 아직까지 객관적으로 입증되지 않았다고 해서 존재하지 않는다고 할 수 없으니까 말이다.

기와 마나 그리고 제다이의 포스가 있다 해도 물리학의 기본 원칙을 어겨도 되는 것은 아니다. 과학이 아직까지 설명하지 못하니 초능력이라고 불러도 좋겠지만 그렇다고 해서 작용-반작용 법칙이나 에너지 보전 법칙을 어길 수 있는 것은 아니다. 초능력의 존재가 입증된 바가 없으니 과학적인 논의가 불가능하다는 것이다.

〈스타워즈〉가 SF로 불리기 어려운 것은 바로 포스와 같은 초능력을 사용하기 때문이다. 아무리 우주선과 로봇이 나오더라도 확인되지 않은 능력인 포스를 쓴다면 그것은 판타지다. 그래서 〈스타워즈〉는 스페이스 판타지로 불리는 것이다. 사실 어떻게 불리던 그것이 무슨 상관이겠는가? 언젠가는 영화처럼 다양한 우주선과 로봇이 등장할 것이고, 인류는 우주를 향해 나아갈 것이다. 자유로운 상상력을 바탕으로 〈스타워즈〉와 같은 영화가 나오는 것에 대해 이의를 제기하는 과학자는 없다. 과학은 원래 자유로운 상상력 속에서 싹트기 때문이다.

과거에 인간이 하늘을 나는 것을 모두 불가능하다고 생각하고 포기해버렸다면 비행기는 만들어질 수 없었을 것이다. 과학 법칙을 어기지 않고도 새로운 방식으로 광선검이나 포스를 구현하게 될지 모를 일이다.

결국 그러한 방법을 찾지 못한다고 해도 그 과정에서 새로운 원리나 발명이 나올 것이다. 원래 과학과 공학은 꿈을 꾸는 이들에 의해 발전하기 때문이다. 과학은 인간의 상상력을 제한하는 것이 결코 아니다. 과학 기술의 발전은 항상 상상력이 그 밑바탕에 깔려 있었다.

원자는 원자핵과 전자로 되어 있고, 원자핵은 양성자와 중성자로 되어 있습니다. 이렇게 양성자와 중성자, 전자가 물질의 가장 작은 입자라고 생각했지만, 양성자와 중성자는 쿼크라는 더 작은 입자로 이루어졌음이 밝혀졌습니다.

현대 물리학에서는 힘이란 이러한 입자 사이의 작용으로 설명합니다. 전자기력을 전달하는 입자를 광자라고 합니다. 약력은 전달하는 입자는 Z보손과 W보손이라는 입자입니다. 강력은 글루온, 중력은 중력자라는 입자에 의해 전달됩니다. 그래서 4가지 힘을 자연에 존재하는 4가지 상호작용이라고도 합니다.

4가지 힘 중 강력, 약력, 전자기력은 표준모형으로 통합되어 설명합니다. 아직까지 중력만 통합하지 못하고 있습니다.

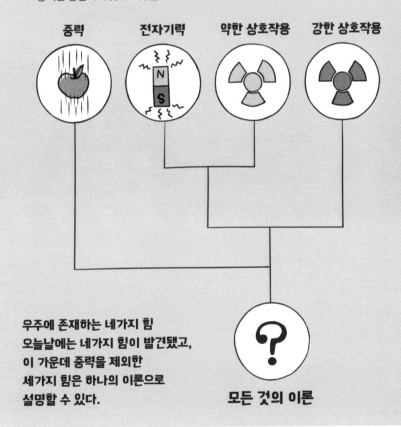

중력　　전자기력　　약한 상호작용　　강한 상호작용

우주에 존재하는 네가지 힘
오늘날에는 네가지 힘이 발견됐고,
이 가운데 중력을 제외한
세가지 힘은 하나의 이론으로
설명할 수 있다.

모든 것의 이론

:02

⟨해리포터와 마법사의 돌⟩에도
과학이 있을까?

영화 ⟨해리포터와 마법사의 돌⟩

과학자 뉴턴

자연과 자연의 법칙이

어둠 속에 숨겨져 있었다.

신이 "뉴턴이 있으라!" 말했더니

모든 것이 빛이 되었다.

- 뉴턴의 묘비명으로 쓰기 위해 알렉산더 포프가 쓴 시

과학에서 아인슈타인 말고는 아이작 뉴턴을 뛰어넘는 대중적 지명도와 인기를 지닌 인물은 찾기 어렵다. 과학에서 그의 업적이 뛰어나다는 것은 논쟁의 여지가 없을 정도로 뉴턴은 과학의 역사에서 독보적인 존재다. 하지만 모두가 뉴턴의 업적을 찬양한 것은 아니다.

뉴턴과 같은 영국인인 화가 윌리엄 블레이크William Blake는 1795년 〈뉴턴Newton〉이라는 그림에서 뉴턴과 그의 업적을 싸잡아 비아냥거리는 작품을 남겼다. 이 그림을 보면 벌거벗은 뉴턴이 컴퍼스로 기하학적인 도형을 작도하고 있다. 단순히 생각하면 뉴턴이 천체의 운행 법칙을 알아내기 위해 기하학을 사용하는 장면을 그린 것처럼 보인다. 하지만 블레이크의 의도는 그것이 아니다. 그는 이렇게 세상을 정확하게 측정해서 미래를 예측할 수 있다고 본 뉴턴의 기계론적인 세계관을 비꼬려는 의도

를 담은 것이다. 블레이크가 "예술은 생명의 나무이고, 과학은 죽음의 나무"라고 표현한 것만 봐도 알 수 있다.

블레이크만 아니라 많은 예술가들은 뉴턴이 예술가의 상상력을 앗아가버렸다고 생각했다. 19세기 영국의 낭만주의 시인 존 키츠John Keats는 《라미아Lamia, 1820》라는 시에서 뉴턴이 프리즘으로 빛의 비밀을 알아내는 바람에 더 이상 무지개가 주는 시적인 감상을 느낄 수 없게 되었다고 불평했다. 그렇다면 과연 빛의 비밀을 풀어낸 뉴턴의 행동이 예술을 파괴한 것일까?

마법과 판타지의 대명사가 된 〈해리 포터〉

'해리 포터'라는 이름은 너무 유명해 마법과 판타지 세계의 대명사로 통할 정도다. 《해리 포터》시리즈를 쓴 작가 조앤 K. 롤링의 이야기는 작가지망생들에게는 이미 전설로 통한다. 시리즈의 첫 권인《해리 포터와 마법사의 돌》을 쓸 당시 롤링은 가난한 이혼녀로 정부 보조금으로 겨우 생활하고 있었다. 그녀의 원고는 출판사에서 여러 번 퇴짜를 맞고 겨우 출간될 수 있었다. 하지만 서서히 인기를 끌기 시작한 이 책은 전 세계적인 베스트셀러가 되었고, 《해리 포터》 시리즈는 성경 다음으로 많이 팔린 책이라는 기록을 세웠다. 무명의 가난한 작가에서 1조 원이 넘는 재산과 '세계 가장 영향력 있는 여성'에 선정될 정도로 부와 명예를 다 거머쥔 인물이 되었으니 조앤 K. 롤링의 삶 자체가 판타지라고 해도 과언이 아니다.

1권인 《해리 포터와 마법사의 돌》을 영화로 만든 것이 바로 영화 〈해리 포터와 마법사의 돌〉이다. 이모 집에 맡겨진 고아 소년인 해리 포터(다니엘 래드클리프 분)가 천대를 받으며 생활하다가 11번째 생일 직전에 배달된 편지를 받고 마법학교로 가게 된다. 마법학교에서 뛰어난 마법사로 거듭나면서 다양한 모험을 펼친다는 것이 이 영화의 줄거리다.

단순한 스토리이지만 판타지의 특징을 잘 살린 상상 속의 사건들이 멋지게 펼쳐져 책과 영화 모두 많은 인기를 끌었다. 영화에는 암울했던 중세의 마녀사냥이 아닌, 흥미진진한 흑마법과 백마법의 대결이 펼쳐진다. 그리고 다양한 괴물과 요정들이 나와 극의 재미를 더한다.

흥미로운 것은 이러한 마법학교의 배경으로 사용된 곳이 영국 옥스퍼드의 크라이스트처치Christ Church라는 점이다. 이곳은 이름에서 알 수 있듯이 성당이지만 대학이기도 하다. 중세 교회가 마법을 탄압했다는 것을 생각하면 마법학교의 촬영장소가 성당이라는 것은 참으로 아이러니하다. 하지만 마법학교의 식사 장면이 촬영된 크라이스트처치는 묘하게도 마법과 너무 잘 어울린다. 또한 건물 내 화려한 스테인드글라스 장식은 지금도 마법을 걸면 기사들이 살아서 튀어 나올 것 같은 느낌을 준다. 사실 고대에는 마법과 종교, 과학을 엄밀하게 구분하기 힘들었으니 이러한 묘한 어울림이 생기는 것이다. 그리고 중세시대에 마법을 탄압한 교회조차 마법의 힘에서 완전히 자유롭지 못한 상태였기에 중세 건물이 마법학교의 촬영지로 이용된 것이 전혀 이상하게 느껴지지 않는 것이다.

마법에서 과학으로 지식의 흐름이 이동하다

영화 〈해리포터〉 시리즈의 중요한 배경 장소는 호그와트 마법학교다. 마법학교에서는 다양한 마법의 약 제조부터 주문까지 마법에 대한 많은 것을 배운다. 마법의 약에는 환각성분을 비롯해 약효가 있는 다양한 성분이 들어 있는 경우가 있었다. 따라서 마법의 약이 효과를 일으키는 장면은 과학적으로도 어느 정도 설명이 가능하다. 그렇다고 사람을 늑대로 변신하게 하는 약을 현실적으로 만들 수 있다는 이야기는 아니다. 환각제가 든 마법의 약을 먹으면 그 사람이 늑대가 되었다고 느끼게 만들 수 있다는 것이다. 과학은 마법의 약으로 어떻게 사람이 동물로 변했다는 이야기가 만들어졌는지 어느 정도의 합리적인 설명을 제공할 수 있을 뿐이다.

'마법의 약의 경우, 마법사가 의도하는 어떤 효험을 나타낼 수는 있다. 하지만 마법 주문이나 부적 같은 마법의 표식이 어떤 위력을 나타낸다는 믿음은 고대로부터 존재했다. 인기 걸그룹의 노래 중에 '아브라카다브라 주문을 외워보자라는 가사가 있다. 이 노래처럼 사람들은 말이나 문자 속에 어떤 힘이 존재한다는 생각을 오래전부터 해왔다. 주문呪文, spell은 주술적인 목적으로 외우는 말을 뜻한다. 귀신을 물리치기 위해 도인이나 퇴마사가 주문을 외우는 것부터 불교 경전이나 기독교 성경 구절에 이르기까지 주문은 주술과 종교에서 모두 볼 수 있다. 주문을 제대로 외워야 주술을 부릴 수 있고, 종교에서는 신에게 뜻이 올바르게 전달된다고 여겼다.

이러한 주문의 힘은 주술이나 종교에서만 볼 수 있는 것은 아니다. '펜이 칼보다 강하다'란 말에는 말이나 글의 영향력이 얼마나 강한지를 나타낸다. 말하고 글을 쓰면 그것이 사회 변혁의 힘이 된다고 여기는 것이 바로 '앙가주망 문학' 즉 '참여문학'이다. 마법의 주문을 외우는 행위를 앙가주망과 관련짓는 것은 다소 무리가 있겠지만 말과 글 속에는 힘이 있다는 생각은 이렇게 오랜 기원을 가지고 있다.

이러한 믿음은 고대 때부터 이어진 것이다. 문자가 처음 생겨났을 때 이것을 읽고 뜻을 이해할 수 있는 사람은 많지 않았다. 문자나 숫자를 읽고 이해하는 것은 곧 그 사람의 능력과 직결되어 무력과 함께 권력을 얻을 수 있는 중요한 수단이었다. 메소포타미아 지역에서 발견된 수메르인의 유적을 보면 점토판을 이용해 학교에서 열심히 공부했다는 사실을 알 수 있다. 이미 기원전부터 공부의 필요성을 느끼고 있었던 것이다.

중국에는 문창제군(文昌帝君)이라는 신이 존재한다. 문창제군은 북두칠성의 국자 모양 옆에 있는 6개의 별로 이루어진 별자리 문창성과 관련된 신이다. 이 문창제군은 인간의 운명을 좌우해 사람들은 그에게 행운

을 빌기도 했다. 또 문창제군의 '문(文)'에서 알 수 있듯이 문자를 관장한

다고 믿었다. 그래서 중국에는 시험 즉 과거를 보기 위해 문창제군에 기

원하는 풍속이 있다.

17세기에 접어들면서 영국의 경험주의 철학자인 프란시스 베이컨의

"아는 것이 힘이다."라는 말처럼 귀납법을 통해 합리적인 지식을 얻는

토대가 만들어졌다. 그리고 경험과 실험을 토대로 밝혀진 합리적 지식

에서 서서히 과학의 싹이 돋아나기 시작했다. 귀납법은 개개의 사실로

부터 일반적인 법칙을 얻어내는 추리 방법으로 흔히 과학적인 탐구방법

으로 통용된다. 뉴턴과 갈릴레이도 실험과 관찰을 통해서 새로운 법칙

을 알아냈다.

과학의 기원은 과연 마법일까?

〈해리포터〉 시리즈는 근대의 영국을 배경으로 한다. 하지만 마법과

연금술이 나오는 걸 보면 중세시대, 즉 과학의 여명기 때 유럽의 모습

과 유사하다. 16세기 유럽에서는 아직 연금술과 화학이 구분되지 않았

고, 천문학은 점성술과 관련이 깊었다. 연금술사들은 자신의 활동이 화

학의 발달을 가져오리라는 것은 알지 못한 채 금을 만들기 위해 화학실

험을 했다. 화학을 뜻하는 'Chemistry'라는 단어는 연금술을 의미하는

'Alchemy'에서 나왔을 가능성이 크다. 연금술사의 실험 모습을 그린 브

▲ **연금술사 하인리히 쿤라드(Heinrich Khunrath)의 실험실 삽화, 1595년경**

뤼헐의 그림을 보면 오늘날의 화학 실험과 크게 다르지 않은 작업이었음을 알 수 있다. 〈해리포터〉에서 마법의 약을 제조하려고 여러 물질을 섞어 냄비에 가열하는 장면이 나오는데, 이는 화학반응을 일으키기 위해 반응물질을 넣고 알코올램프로 가열하는 것과 비슷하다.

이렇게 보면 연금술사가 가장 오래된 과학자라고도 볼 수 있다. 많은 학자들이 화학의 기원을 연금술로 이야기한다. 연금술사들이 금을 만들기 위한 과정에서 새로운 물질이나 실험기구들을 만들어 사용했기에 그러한 주장이 완전히 틀렸다고 할 수는 없다. 하지만 비록 그들이 화학 반응을 이용해 여러 가지 실험을 했다고 해서 그들을 화학자라고 부를 수는 없다. 그들이 추구했던 목표가 과학적이지 않기 때문이다.

천체를 관측한다고 해서 점성술사를 천문학자라고 부르지는 않는다.

점성술사는 천체의 운행을 관측하여 그것으로 인간의 길흉화복을 예견하는 비과학적인 목적을 지녔기 때문이다. 천문학자들도 천문대에서 천체를 관측하지만, 자신의 연구 결과로 인류의 미래를 예견할 수 있다고 주장하지는 않는다. 마찬가지로 실험실에서 새로운 물질을 만들어내려고 하는 어떤 화학자도 화학 반응을 통해 수은을 금으로 바꾸려고 하지는 않는다. 그들은 새로운 물질을 만들기 위해 마법의 주문이나 독거미를 집어넣지도 않는다. 점성술과 천문학이 전혀 다른 것이듯 연금술과 화학도 전혀 다른 것이다.

또한 피타고라스에서 비롯된 수비학은 수와 세상을 연결 지어 의미를 찾으려는 일종의 신비주의다. '7은 행운의 숫자', '13일의 금요일', '악마의 숫자 666'과 같은 것이 모두 이 신비주의에서 나왔다. 7이나 13, 666이라는 숫자에는 어떤 힘이나 예언적 능력이 없다. 당연히 수비학은

과학자 뉴턴 > 연금술사 뉴턴

수학이 아니며 일종의 사이비 과학이다. 하지만 과학은 연금술이나 점성술, 수비학을 이용해 자연을 이해하려 한 주술사들의 실패 속에서 태어났다. 따라서 자연 마법으로 불린 주술

▲ 윌리엄 블레이크의 〈뉴턴〉

들이 과학의 탄생에 많은 영향을 준 것은 사실이다. 그럼에도 주술을 과학의 기원으로 보기는 어렵다는 것이다.

고려를 이어 탄생한 나라가 조선이다. 하지만 조선의 기원을 고려라고 하지는 않는다. 이것은 고려를 부정하고 탄생한 것이 조선이기 때문이다. 고려의 수많은 부정부패를 더 이상 묵과할 수 없었던 정도전은 이성계를 내세워 새로운 나라 조선을 건국한 것이다. 단순히 고려가 변해 조선이 된 것은 아니다. 마찬가지로 연금술, 점성술, 수비학으로 자연 현상을 제대로 설명하지 못했기에 그 자리를 과학이 채워 나간 것이다. 마법이나 주술은 과학과 엄연히 다른 것이며 과학의 기원이라고 할 수 없다. 물론 인류의 역사를 돌이켜보면 대부분의 시간 동안 신화와 마법, 과학이 뒤엉켜 있어 그것을 엄밀하게 구분하기가 어렵다. 그래서 과학의 역사를 따라 올라가다 보면 대부분 주술과 만나게 되는 것이다.

과학의 역사에서 뉴턴의 역할은 지대했다. 하지만 뉴턴은 과학 연구 못지않게 많은 시간을 연금술에 할애한 연금술사이기도 했다. 그러나 누

구도 뉴턴을 연금술사로 기억하지는 않는다. 사이비과학이었던 연금술에서는 아무런 업적을 이룰 수 없었기 때문이다.

과학과 마법이 혼재된 세상에서 과학의 등불을 밝혀준 이가 뉴턴이었다. 더 이상 애니미즘이 발붙일 곳을 남겨 놓지 않고 모든 부분을 밝혀주었으니 블레이크와 같은 예술가들이 그를 비난한 것도 전혀 이해 못할 바는 아니다.

뉴턴은 마치 태엽장치를 감아서 돌아가는 시계처럼 움직이는 우주의 모습을 그려냈다. 한편에서는 우주의 비밀을 밝혀낸 뉴턴에게 찬사를 보냈지만, 다른 한편에서는 보이지 않는 존재를 몰아내고 기계적인 세상을 만들었다고 비난을 보냈다. 스위프트의 《걸리버 여행기》도 단순한 모험 소설이 아니라, 뉴턴의 과학과 당시 영국 사회를 비꼬는 일종의 풍자소설이었다. 과학에 대한 예술가들의 경계심은 점차 현실이 되어 두 영역 사이는 점점 벌어졌다. 결국 20세기에는 '두 문화'라는 말이 등장할 만큼 양극화되어 버렸다. 하지만 과학과 예술은 다른 세상에서 별도로 발전한 영역이 아니라 항상 상호 보완적인 영향을 주고받았다. 오늘날 과학에서 예술과 인문학적 감상의 필요성을 이야기하는 것은 그러한 관계에서 기인한 것이다.

뉴턴의 운동법칙은 세 개가 있습니다. 뉴턴의 운동 제 1법칙은 관성의 법칙으로, 힘이 작용하지 않을 때 물체의 운동을 어떻게 이뤄지는지를 알려주지요. 관성의 법칙에 따라 물체는 힘이 작용하지 않으면 자신의 운동상태를 유지하려고 합니다. 즉 등속운동하는 물체는 힘이 작용하지 않아도 원래 그렇게 운동한다는 것이지요. 하지만 이 관성의 법칙은 뉴턴 이전의 선배 과학자인 갈릴레이가 먼저 알아냈습니다. 갈릴레이는 피사의 사탑 실험이 아니라 빗면 실험을 통해 그 사실을 알아냈습니다.

뉴턴의 운동 제 2법칙은 힘이 작용하면 물체는 힘에 비례하고, 질량에는 반비례하는 가속도가 생긴다는 것입니다. 그리고 제 3법칙은 힘은 항상 쌍으로 작용한다는 것입니다. 즉 힘은 작용만 있을 수 없으며 동시에 반작용도 있다는 것입니다.

:03
바이러스가 만든
디스토피아

영화 <레지던트 이블>

서울 밝은 달밤에

밤늦도록 놀며 지내다가

들어와 자리를 보니

가랑이가 넷이로구나.

둘은 내 아내 것이지만

둘은 누구의 것인고?

본디 내 아내의 것이지만

빼앗긴 것을 어찌하겠는가?

- 처용가

처용가를 언뜻 들으면 마치 바람 난 아내를 보고도 관대하게 용서하는 이해심 많은(또는 정신 나간) 남편의 이야기처럼 들린다. 밤에 외출하고 집에 돌아왔더니 아내가 다른 남자와 같이 있는데 어떻게 저렇게 담담하게 노래를 부르며 춤을 출 수 있다는 말인가? 이것은 분명 보통 사람이라면 할 수 없는 행동이다. 여기서 처용의 아내와 잠자리를 같이 한 다른 남자는 사람이 아니라 역신(疫神) 즉 전염병이다. 역신은 아내의 불륜을 보고도 춤을 추고 노래하고 돌아선 처용의 행동에 감복하여 아내의 몸에서 나와 그에게 용서를 빌었다고 한다. 그리고 앞으로는 대문 앞에 처용의 얼굴이 붙어 있으면 들어가지 않겠다고 하고 사라졌다는 것이 바로 처용 설화다.

　처용가에 등장하는 역신, 전염병은 인류의 역사와 함께했으며, 꾸준히 인류를 괴롭혀 왔다. 유럽에서는 흑사병으로 수많은 사람들이 죽었고, 20세기 초에 발생한 스페인 독감은 2차 세계대전 사망자보다 더 많은 목숨을 앗아갔다(제레드 다이아몬드의 《총, 균, 쇠》는 무기뿐 아니라 병균이 인류의 운명을 어떻게 바꿨는지 자세히 이야기한다.). 눈에 보이지 않는 전염병을 역신처럼 귀신 취급한 것은 그만큼 두려운 존재였기 때문이다. 이제 과학의 도움으로 적의 정체는 알 수 있게 되었지만 그렇다고 모든 싸움에서 승리할 수 있는 것은 아니다.

전쟁보다 더 가혹한 시련, 전염병

처용가는 바로 이러한 설화를 바탕으로 액운을 물리치기 위해 부른 향
가다. 처용무는 이때 처용이 췄던 춤으로, 조선 세종 때 이 춤을 더욱 발
전시킨 것이 오방처용무다. 처용무는 액운을 멀리하고 흥을 돋궈주는 춤
으로 연산군이 아주 좋아했다고 전해진다. 처용무는 2009년 유네스코
인류무형문화유산에 등재되었다. 《삼국유사》에 따르면 처용은 신라 헌
강왕 때 사람으로 용의 아들이라고 알려졌다. 하지만 처용의 탈을 보면
알 수 있듯이 외모가 특이해 그를 아랍인으로 추정하기도 한다. 당시 신
라에는 아랍 상인들이 실크로드를 따라 들어왔는데, 처용도 그중 한 사

람이라는 것이다.

어쨌건 처용설화에서
도 전염병은 오래전부터
사람들을 괴롭힌 두려운
존재로 그려진다. 유럽에
서는 14세기에 시작된 흑
사병으로 엄청난 시련을

▲ 기사계첩에 실린 경현당석연도에서 묘사된
오방처용무의 춤사위 모습

겪어야 했다. 흑사병으로 인해 도시나 마을의 인구는 격감했고, 심한 곳
은 3명 중 1명꼴로 사망자가 생겼다. 흑사병은 유럽의 봉건체제를 무너
트릴 만큼 영향력이 막강했는데, 이 흑사병보다 잔인한 질병이 바로 유
럽인이 미국으로 건너가면서 가져간 천연두였다. 아메리카는 사실 유럽
의 총칼이 아니라 천연두와 같은 전염병으로 인해 맥없이 무너져버렸다
고 봐야 한다. 천연두가 아메리카 원주민을 거의 전멸시켰기 때문이다.

전염병에 대한 두려움은 제국주의 시대에도 이어졌다. 유럽의 병사들
이 적도 지역으로 행군해갔을 때 원주민보다 무서운 것은 말라리아와 같
은 풍토병이었다. 말라리아가 모기에 의해 전염된다는 주장은 18세기에
나왔지만 증명할 수 없어서 사람들에게 받아들여지지 않았다. 19세기까
지 과학자들은 열대지방의 늪지대 같은 곳의 썩은 공기가 말라리아를 일
으킨다고 생각했다. 그래서 말라리아라는 이름도 '나쁜 공기'라는 이탈
리아어 'mala aria'에서 나왔을 정도다. 말라리아가 모기에게 물려서 전

염된다는 것을 증명한 이는 1880년 프랑스의 군의관 라브랑이다. 알제리에서 근무하던 라브랑은 말라리아 환자의 혈액에서 말라리아 원충을 발견한 것이다.

좀비를 만드는 바이러스가 있다면?

영화 〈레지던트 이블Resident Evil, 2002〉이나 〈블레이드Blade, 1998〉 시리즈는 겉으로 보면 좀비나 뱀파이어를 다룬 판타지 영화로 보인다. 하지만 이 영화들이 좀비와 뱀파이어가 된 이유를 바이러스라는 과학적 소재에서 찾는 바람에 사이비 과학물로 탈바꿈하게 된다. 즉 과학인 듯 과학 아닌 과학 같은 장르가 된 것이다. 기생충이 숙주를 조종하는 것이나 광견병에 걸린 개에게 물리면 사람도 감염되는 것에서 모티프를 얻었음을 어렵지 않게 추측할 수 있다. 여기서 문제가 되는 것은 어떤 바이러스에 감염된다고 해서 시체가 움직인다거나 초능력이 생긴다는 설정이다. 초능력은 과학적으로 실증된 것이 아니기 때문이다. 아무리 바이러스에 감염된다고 하더라도 인간의 능력을 초월한 힘을 발휘할 수는 없다.

2002년에 개봉된 〈레지던트 이블〉은 〈바이오하자드 Biohazard, 1996〉라는 일본의 컴퓨터 게임을 원작으로 한 B급 좀비 호러물이었다. 이 영화가 흥행하며 이 시리즈는 B급 영화의 이미지를 벗고 화려한 블록버스트로 거듭난다. 특히 4편의 경우에는 〈아바타Avatar, 2009〉처럼 3D 화면을 통해 앨리스(밀라 요보비치 분)의 실감나는 액션을 선보이는 등 많은 볼거리를 제공한다.

〈레지던트 이블〉 1편에는 거대 제약회사인 엄브렐러사의 생물 무기인 T-바이러스가 연구소인 '하이브'를 벗어나자 경비대장인 앨리스가 이를 봉인해버리는 것으로 시작된다. 하지만 탐욕적인 엄브렐러사가 T-바이러스의 놀라운 능력을 이용하려고 연구소의 봉인을 풀어 버리는 바람에 도시 전체가 바이러스로 감염되는 사고가 발생한다. 통제를 벗어난 바이러스는 전 세계로 퍼져나가 결국 지하로 숨어버린 엄브렐러사와 극소수의 사람만 살아남게 된다. 〈레지던트 이블〉 시리즈는 바이러스로 인해 세상이 멸망의 위기에 빠지고, 바이러스에 감염되어 초능력을 얻게 된 앨리스가 세상을 구원한다는 플롯을 가진 영화다. 바이러스에 감염된다고 초능력을 얻는다는 설정은 허구이지만 바이러스에 의해 좀비처럼 행동하는 것은 완전한 허구가 아니다. 그렇다면 바이러스와 좀비는 어떤 관계가 있을까?

원래 좀비zombie는 서인도 제도에서 널리 믿는 부두교Voodoo의 주술사에 의해 만들어진 소위 '걸어 다니는 시체'를 말한다. 좀비는 자신의 생각이 없이 주술사가 지시하는 대로 생활한다고 한다. 놀라운 것은 이러한 좀비가 실존했다는 것이다. 물론 영화 속에 등장하는 것처럼 완전히 괴물로 바뀐다거나 죽었던 사람이 무덤 속에서 다시 살아 나오는 것은 아니다. 단지 부두교의 주술사들에 의해 좀비로 만들어져 농장에서 노예로 생활하던 사람이 실제로 있었다.

과학자들의 조사에 따르면 아이티의 주술사들이 사용한 좀비 약은 사람을 좀비로 만드는 데 어느 정도 효과가 있었다고 한다. 좀비 약에는 두개골 가루와 같이 별 효과가 없는 재료도 있었지만, 복어나 두꺼비, 독말풀과 같이 신경독소가 있어 먹으면 중독될 수 있는 재료들도 있었다. 복어의 테트로도톡신에 의해 정신을 잃은 사람들이 두꺼비 침과 독말풀의 환각 성분에 의해 주술사가 시키는 대로 행동하는 좀비가 된 것이다. 물론 이러한 좀비는 죽은 시체가 다시 살아온 것이 아니며, 단지 신경독소에 의해 정상적인 정신 기능을 수행하지 못한 것이다. 그러므로 영화 속 좀비들과는 차이가 있다.

좀비가 나오는 영화의 시초는 1968년 조지 로메로 감독의 〈살아 있는 시체들의 밤Night Of The Living Dead, 1968〉이라는 흑백영화다. 70~80년대에 좀비 영화가 만들어지기는 하지만 대중적인 인기를 끌지는 못했다. 90년대에 들어서며 좀비가 게임과 영화에 본격적으로 등장하면서 큰 인기를 끌게 된다. 뱀파이어나 유령, 연쇄 살인범이나 괴물이 주류였던 공포물에 좀비가 새로운 소재로서 등장한 것이다. 이제는 〈부산행2016〉과 같이 좀비가 등장하는 흥행 영화도 나왔고, 〈이웃집 좀비2009〉와 같이 국내의 독립 영화에조차 나올 만큼 좀비는 익숙한 대상이 되었다.

생물의 진화, 기생과 숙주의 경쟁사

〈레지던트 이블〉 시리즈에서는 T-바이러스에 감염되며 좀비가 된다. 이와 같이 최근의 좀비 영화들은 부두교의 마법이 아니라 바이러스로 인해 좀비가 되는 것으로 트렌드(?)가 바뀌고 있다. 이는 부두교의 주문보다는 바이러스가 훨씬 설득력이 있는데다가 좀비를 대량으로 생산할 수 있는 효과적인 방법이기 때문이다. 최근 신종 인플루엔자H1N1나 중증 급성 호흡기증후군SARS, 2015년 대한민국을 공포로 몰고 간 중동호흡기증후군메르스 MERS, Middle East Respiratory Syndrome에 이르기까지 세계는 전염병과 전쟁을 치르고 있다고 해도 과언이 아닐 정도다. 세계적으로 확산되는 전염병에 대한 공포심이 그대로 영화에 투영되어 바로 좀비에 의한 멸망이라는 형태로 묘사되는 것이다.

좀비가 마치 기생생물의 극단적인 형태처럼 보이지만 실제로 기생생물은 숙주의 몸에서 살며 숙주의 행동을 변화시키기도 한다. 영화 〈인베이젼The Invasion, 2007〉에서는 외계의 기생생물에게 감염된 사람은 전혀 다른 사람처럼 행동한다. 영화에서와 같은 외계 생물은 아직 발견되지 않았지만, 요충과 같은 기생충에 감염되면 신경질적이 되거나 주의력이 결핍되는 행동 변화가 나타나기도 한다.

인간을 포함한 자연의 모든 생물들은 사실상 끊임없이 좀비들과 전쟁을 치르고 있다고 해도 과언이 아니다. 단지 자연에 존재하는 좀비 같은 생물을 기생생물이라고 부를 뿐이다. 생물의 진화는 기생생물과의 치열한 생존경쟁에서 왔다고 볼 수 있다. 모든 생물은 영양분(또는 에너지)을 공급받아야 생활할 수 있다. 이때 생활에 필요한 영양분을 스스로 만들어낼 수 있는 생물을 독립영양 생물이라고 하며, 대표적으로는 녹색식물이 있다. 녹색식물은 광합성으로 생활에 필요한 영양분과 에너지를 스스로 조달한다. 하지만 종속영양 생물은 녹색식물을 먹거나 다른 생물의 몸에 기생하여 에너지를 얻을 수밖에 없다. 따라서 진화는 에너지를 뺏으려는 자와 뺏기지 않으려는 자의 오랜 경쟁의 역사다. 스스로 영양분을 얻을 수 없는 기생생물들은 숙주의 몸속으로 들어가 영양분을 빼앗고 번식을 도모한다. 기생생물에게 소중한 영양분을 순순히 내줄 경우 숙주는 살아남을 수 없다. 그래서 숙주도 자신의 몸을 지키기 위해 다양한 대처방법을 찾아내는데, 면역이 대표적인 방어체계 중 하나다.

생물의 진화는 끊임없는 창과 방패의 경쟁에서 일어난다. 어느 한쪽이라도 경쟁을 멈추는 순간 상대방에게 져버리기 때문에 진화는 끊임없이 일어나는 것이다.

그렇다면 영화 속에서 좀비를 만드는 바이러스도 기생생물일까? 당연히 바이러스도 스스로 증식할 수 없기 때문에 숙주의 세포에 침투해 증식하는 세포 내 기생생물이다. 〈레지던트 이블〉 시리즈에는 좀비에게 물렸는데 한동안 동료들을 속이고 정상인 척 활동하는 이들이 나온다. 이것은 바이러스가 세포 내에서 증식하는 동안에는 아무런 증세도 나타나지 않기 때문이다. 이후 감염된 세포에서 쏟아져 나온 바이러스가 다른 세포를 감염시킴으로서 폭발적으로 증식한다.

정상 세포는 자신의 세포를 복제하지만 바이러스에 감염된 세포는 좀비처럼 바이러스의 명령에 따라 바이러스를 생산한다. 광견병 바이러스의 경우, 뇌에서 왕성하게 복제되면서 뇌의 대뇌변연계를 망가트려 개를 난폭하게 만든다. 감염된 개가 난폭해질수록 많은 개와 사람을 물어 바이러스가 더 많이 전파될 기회를 얻는다. 영화 속 좀비들이 다른 사람을 물기 위해 덤비는 모습들은 바로 바이러스의 통제를 당한 것으로 볼 수 있다. 바이러스 같은 기생생물은 숙주의 세포를 이용해 자신을 계속 복제해 퍼트린다. 바이러스가 무서운 것은 영화 속에서 사람을 좀비로 만드는 것처럼 사람 몸속에서 정상 세포를 바이러스 생산을 위한 좀비 세포로 만들어버리기 때문이다.

인간은 과연 바이러스를 제압할 수 있을까?

〈레지던트 이블〉 4편은 앨리스가 엄브렐러사의 지하 본부를 공격하는 장면에서 시작된다. 지하 본부에 숨어 있던 웨스커(숀 로버츠 분)와 싸우다가 앨리스는 T-바이러스의 기능을 억제시키는 주사를 맞고 초능력을 잃어버린다. 웨스커의 치료제가 성공한 것이다! 한편 영화 〈나는 전설이다I Am Legend, 2007〉에서 혼자 살아남은 과학자 네빌(윌 스미스 분) 역시 바이러스에 감염된 사람을 위한 치료제를 만들려고 하지만 좀처럼 성공하지 못한다. 그렇다면 과연 인류는 치료제를 만들어 바이러스와의 전쟁에서 승리할 수 있을까?

T-바이러스는 없지만 인류는 이에 비견할 만큼 무서운 바이러스와 역사를 같이해왔다. 천연두나 에이즈, 에볼라 바이러스 등은 사람을 좀비로 만들지는 않지만 결코 이에 뒤지지 않는 공포의 대상들이다. 특히 천연두는 역사상 사망자의 10%를 차지할 만큼 많은 인류를 죽음으로 몰아갔다. 천연두 바이러스는 세포를 무참하게 파괴하여 운 좋게 살아남더라도 장님이 되거나 곰보가 되므로 가장 큰 공포의 대상이었다.

하지만 이렇게 무서운 천연두 바이러스도 꾸준한 백신 접종으로 인해 1979년 공식적으로 자연에서는 모두 사라졌다(지금은 미국과 소련의 연구소에 남아 있는데 이것이 연구실을 빠져나온다면 그야말로 재해가 일어날 것이다). 페니실린과 같은 항생제와 다양한 백신이 나오면서 전염병과의 전쟁에서 승승장구하던 인류는 드디어 1969년 미국의 공중위생국장인 윌리엄 스튜어트가 "전염병과의 전쟁은 끝났다."고 선언하기에 이른다. 하지만 이것은 큰 착각이었다. 페니실린이 사용된 후 10년 만에 포도상 구균 중 70%에 내성이 생겼고, 오늘날에는 95% 즉 대부분의 포도상 구균이 페니실린에 내성이 생겨 더 이상 페니실린이 쓸모없어졌기 때문이다.

과학자들의 꾸준한 노력 덕분에 인류는 새로운 항생제와 백신을 생산하게 되었지만, 가까운 미래에 전염병과의 전쟁에서 인류가 승리할 것을 믿는 과학자들은 거의 없다. 기존의 약에 대해 내성을 지닌 새로운 변종이 계속 나타나기 때문이다. 특히 바이러스의 경우 세포 속으로 숨어 버릴 수 있어 일단 감염되면 치료가 매우 어렵다. 바이러스는 세균과 달리 숙주 세포에서 많은 기능을 빌려다 쓴다. 때문에 항바이러스제 같은 약을 잘못 쓰면 오히려 정상세포에 더 큰 해를 줄 수도 있다. 그래서 바이러스 감염을 치료하는 항바이러스제에 대한 연구보다 백신 연구가 더 활발한 것이다.

T-바이러스가 앨리스의 DNA와 완벽하게 결합한 것처럼, 바이러스는 사람의 세포와 결합해 정상세포를 종양 즉 암세포로 변이시키기도 한다. 이처럼 바이러스는 사람들에게 공포의 대상이다. 하지만 이 바이러스가 사람에게 도움을 주는 경우도 있다. 바이러스는 크기가 매우 작기 때문에 유전자 치료에서 벡터 즉 유진자를 원하는 위치에 전달하는 역할을 할 수 있다. 또한 '원수의 적은 내 친구'라는 말과 같이, 바이러스가 세균을 공격하는 무기로 사용될 수도 있다. 세균을 공격하는 바이러스는 박테리오파지Bacteriophage라고 하는데, 지금의 항생제를 대체할 차세대 천연항생제로 주목받고 있다. 하지만 일부 과학자들은 박테리오파지도 돌연변이를 일으킬 수 있으므로 사용하는 데 신중을 기해야 한다고 주장한다. 이런 점 때문에 암울하지만 인류는 바이러스를 상대로 끝나지 않는 전쟁을 해야 할지도 모른다.

이제 "항생제가 만들어지기 전으로 돌아갔다."라는 말은 괜한 엄살이 아니다. 이 글을 쓰고 있는 동안에도 지카 바이러스와 같이 새로운 전염병에 대한 소식이 끊임없이 들려온다. 인류의 생존을 끊임없이 위협하는 이러한 전염병에 대처하기 위해서는 거대 제약회사에만 의존하기는 어렵다. 제약회사는 이익을 남기기 위해 소위 돈이 되는 약을 우선으로 해서 만들기 때문이다. 따라서 전염병에 대해서는 국제적인 협력 체제를 구축하는 것이 무엇보다 시급한 일이다.

사이언스 토크

질병을 일으키는 생물을 병원체라고 합니다. 병원체에는 바이러스, 세균, 진핵생물 등이 있습니다.

바이러스 중에서는 감기나 독감과 함께 간염 바이러스가 대표적인 병원체입니다. 병원성 세균으로는 전쟁무기로 연구되고 있는 탄저균부터 식중독을 일으키는 대장균에 이르기까지 다양합니다. 이분법으로 번식하는 세균은 번식 조건만 잘 맞으면 엄청난 수로 불어나기에 무서운 존재입니다. 진핵생물 병원체로는 기생충이나 곰팡이 같은 생물이 있습니다. 말라리아나 촌충, 무좀균 등이 바로 진핵생물 병원체입니다.

항생제가 개발되면서 세균과의 전쟁에서 이겼다고 생각했지만 무분별한 항생제 사용으로, 내성균이 생겨나면서 모든 것이 원점으로 돌아갔습니다. 또한 DDT의 등장으로 말라리아 모기 박멸을 기대했지만 이것도 환경오염 문제로 중단되고 말았습니다. 다시 말해 과학 기술이 발달했지만 우리는 아직도 병원체와의 전쟁에서 이길 수 있을지 장담하지 못하는 상황입니다.